Günther Wachtler
Petra Sabine Wagner

Arbeit im Ruhestand

AF878286

Günther Wachtler
Petra Sabine Wagner

Arbeit im Ruhestand

Betriebliche Strategien und persönliche Motive zur Erwerbsarbeit im Alter

Leske + Budrich, Opladen 1997

ISBN 978-3-8100-1648-5 ISBN 978-3-322-91436-1 (eBook)
DOI 10.1007/978-3-322-91436-1

© 1997 Leske + Budrich, Opladen

Das Werk einschließlich aller seiner Teile ist urheberrechtlich geschützt. Jede Verwertung außerhalb der engen Grenzen des Urheberrechtsgesetzes ist ohne Zustimmung des Verlages unzulässig und strafbar. Das gilt insbesondere für Vervielfältigungen, Übersetzungen, Mikroverfilmungen und die Einspeicherung und Verarbeitung in elektronischen Systemen.

Satz: Werkstatt für Typografie, Offenbach

Inhalt

Vorwort

Der Anteil der Älteren an der Bevölkerung steigt kontinuierlich an und in nicht allzu ferner Zukunft wird etwa ein Drittel aller in unserer Gesellschaft lebenden Menschen über sechzig Jahre alt sein; gleichzeitig sinkt die Anzahl der unter Dreißigjährigen auf weniger als ein Viertel der Gesamtbevölkerung ab. Erstmals in der Geschichte wird dadurch der Zustand erreicht, daß in einer Gesellschaft mehr alte als junge Menschen leben. Diese tiefgreifenden Veränderungen im Altersaufbau der Bevölkerung bleiben natürlich nicht ohne Folgen für die Strukturen der Institutionen und Organisationen der Gesellschaft; d. h. parallel oder zeitlich versetzt zu diesem demographischen Wandel wird ein Wandel der gesellschaftlichen Strukturen vorgenommen, um diese den veränderten Lebensweisen der Menschen entsprechend zu gestalten. Eine richtungsweisende Bedeutung nehmen dabei die Enwicklungen ein, die im Bereich der Arbeit stattfinden, denn der Sektor der Erwerbsarbeit ist nach wie vor von großem Einfluß auf die gesamten Lebensbedingungen einer Gesellschaft, die auch heute noch weithin zutreffend als „Arbeitsgesellschaft" bezeichnet werden kann.

In diesem Zusammenhang geht die vorliegende Untersuchung der Frage nach, welche Konsequenzen der demographische Wandel mit seinem wachsenden Anteil alter Menschen für die Strukturen der gesellschaftlichen Organisation von Arbeit haben wird. Unter diesem Vorzeichen war zunächst von Interesse, ob und in welcher Weise das steigende Potential an Arbeitskräften jenseits der formalen Altersgrenzen von den Betrieben des Beschäftigungssystems genutzt wird, und in welchem Umfang sich AltersrentnerInnen noch einmal zu einer nachberuflichen Erwerbstätigkeit bereit finden. Erkenntnisse über diese nachberuflichen Tätigkeitsformen geben wichtige Hinweise auf die Verhaltensweisen von Unternehmen einerseits, AltersruhegeldbezieherInnen andererseits und verdeutlichen somit zentrale Positionen in der gegenwärtigen Auseinandersetzung über die Dauer und die Gestaltung der Lebensarbeitszeit. Diese Diskussion bewegt sich vorwiegend zwischen den beiden Problemkreisen der Sozialpolitik und der Arbeitsmarktpolitik, wobei einerseits die Frage nach der Finanzierbarkeit der Altersrenten und andererseits die Frage nach der gesellschaftlichen Verteilung der Erwerbsarbeit im Vordergrund stehen. Ein vordringliches Anliegen der Studie ist es aber, diese Diskussion aus den sozial- und arbeitsmarktpolitischen Verengungen zu lösen, indem die Perspektiven der unmittelbar betroffenen Rentnerinnen und Rentner einbezogen werden und Erwerbsarbeit dabei nicht nur in ihren ökonomischen Bezügen, sondern auch in ihren identitätskonstituierenden und sozialintegrativen erkennbar wird. Die in dieser Untersuchung erstmals auf breiter empirischer Basis durchgeführte Zusammenschau von betrieblichen Strategien zur Nutzung verrenteter Arbeitskräfte und den persönlichen Motiven von AltersruhegeldbezieherInnen zur Aufnahme oder zur Fortführung einer nachberuflichen Erwerbstätigkeit bietet durch das Aufzeigen von Konvergenzen zwischen betrieblichen Interessen und subjektiven Gründen einen Einblick in den Prozeß der Neuformierung gesellschaftlicher Strukturen im Zuge des demographischen Wandels.

Die vorliegende Studie ist das Resultat eines empirischen Forschungsprojektes, das von der Deutschen Forschungsgemeinschaft gefördert wurde. Neben den Verfassern war noch Beatrice Hungerland an den Projektarbeiten beteiligt; wichtige Beiträge leisteten außerdem Heike Franzke und Jörg Balcke.

Wuppertal, im September 1996
Günther Wachtler
Petra Sabine Wagner

1 Lebensarbeitszeit und demographischer Wandel

Alle bevölkerungsstatistischen Analysen und Prognosen der letzten Jahre machen unzweifelhaft deutlich, daß der Anteil alter Menschen an der Gesamtbevölkerung in Deutschland, ebenso wie in den anderen entwickelten Industrienationen, rapide ansteigen wird. Bald nach der Jahrtausendwende wird fast ein Drittel älter als 60 Jahre sein, während der Anteil der unter 20jährigen auf weniger als 20% geschrumpft sein wird (vgl. HOF 1993, S. 66). Schon heute sind die Auswirkungen dieses „Alterns der Gesellschaft" in vielen Lebensbereichen erkennbar und führen zu strukturellen Umformungen von Institutionen und Organisationen.

Eine der wichtigsten Herausforderungen gegenwärtiger Sozialstrukturanalysen ist somit die Erforschung des Strukturwandels hochentwickelter Industriegesellschaften im Verlaufe der Veränderungen in ihrem Altersaufbau. Im Rahmen dieses allgemeinen Problemzusammenhangs von demographischem Wandel und sozialstruktureller Entwicklung sind empirische Untersuchungen der Veränderungstendenzen in der gesellschaftlichen Organisation von Arbeit von besonderer Wichtigkeit, denn nach wie vor haben die Vorgänge im Beschäftigungssystem zumindest richtungsweisende Auswirkungen für die Ausgestaltung vieler anderer gesellschaftlicher Sphären.

Am unmittelbarsten werden die Konsequenzen des demographischen Wandels für den gesellschaftlichen Arbeitsprozeß erkennbar durch eine genauere Betrachtung der Entwicklungen im Bereich der Alterserwerbstätigkeit. Auf den ersten Blick scheint die Gestaltung der Erwerbsarbeit von älteren Menschen ausschließlich von einem „säkularen Trend" zur Frühausgliederung aus dem Erwerbsleben gekennzeichnet zu sein. Absicht der vorliegenden Studie ist es jedoch, auf weitere, zum Teil gegenläufige Erscheinungen hinzuweisen. Denn neben der unbestreitbaren Zunahme des vorzeitigen Ausscheidens aus dem Erwerbsleben ist gegenwärtig parallel dazu ein beträchtliches Ansteigen der nachberuflichen Erwerbstätigkeit von AltersruhegeldbezieherInnen zu beobachten. Um dieses Phänomen in seiner gesellschaftlichen Bedeutung besser einschätzen zu können, sind allerdings zuvor einige kurze Hinweise auf das Ausmaß, die Ursachen und die Folgen der

Frühverrentungspraxis als Hintergrundinformation wichtig. Im Anschluß daran wird ausführlich auf die nachberufliche Erwerbstätigkeit von Rentnerinnen und Rentnern eingegangen, die das zentrale Thema der vorliegenden Studie ist.

International vergleichende Untersuchungen belegen, daß dem permanenten Anstieg des Anteils älterer Menschen in allen entwickelten Industrienationen seit vielen Jahren eine stetige Abnahme der Erwerbsquote dieser Bevölkerungsgruppe gegenübersteht (vgl. z.B. KOHLI ET AL., 1991). Die meisten Autoren sind sich darüber einig, daß arbeitsmarktpolitische Ursachen entscheidend sind für den dramatischen Rückgang der Erwerbstätigkeit in der Altersklasse der 55 bis 64jährigen (KOHLI 1996), wobei in der Regel hierfür günstige sozialversicherungsrechtliche Bedingungen diesen Prozeß – bisher jedenfalls – unterstützen. Mittlerweile ist dadurch aber eine Situation entstanden, in der überall die Grenzen der sozialpolitischen Belastbarkeit des Wohlfahrtsstaates erreicht wurden. Durch die umfangreichen Frühausgliederungen aus dem Beschäftigungssystem, und durch die konstante Verlängerung der durchschnittlichen Lebenszeit auf gegenwärtig fast 80 Jahre bei Männern und nahezu 82 Jahre bei Frauen, haben sich sowohl die Anzahl der BezieherInnen von Altersrenten als auch die Dauer des jeweiligen Rentenbezugs derart ausgeweitet, daß angesichts der lang anhaltenden Massenarbeitslosigkeit die Finanzierung der Altersversorung nach dem bisherigen System des „Generationenvertrags“ in ernste Gefahr geraten ist.

Für den einzelnen Beschäftigten bedeutet das, daß er nach seinem vorzeitigen Ausscheiden aus dem Erwerbsleben normalerweise noch über 20 Jahre lang Transferzahlungen bezieht; d. h. der sogenannte „Ruhestand“ umfaßt in der Regel mehr als ein Viertel der gesamten Lebenszeit und damit zumeist einen längeren Zeitraum als die Ausbildungsphase. Es ist offensichtlich, daß diese Gegebenheiten erhebliche sozialpolitische Schwierigkeiten in sich bergen, denen man in Deutschland – aber auch in anderen Nationen – staatlicherseits mit rechtlichen Normierungen zu begegnen sucht, die auf eine Heraufsetzung des Rentenzugangsalters hinauslaufen.

Diese Antwort auf die sozialpolitischen Schwierigkeiten zieht jedoch deren Ursachen nicht in Betracht, denn diese liegen zu einem wesentlichen Teil in den Enwicklungen des Arbeitsmarktes begründet. Dessen Struktur und Funktionsweise wird entscheidend geprägt durch das strategische Handeln der Industriebetriebe sowie der Dienstleistungs- und Handelsunternehmen, die sich spätestens seit Beginn der siebziger Jahre grundlegend veränderten Anforderungen gegenübergestellt sehen. Die Internationalisierung und die Globalisierung der Wirtschaft führte zu weltweiter Konkurrenz auf allen Absatz- und Beschaffungsmärkten, zur Etablierung neuer Produktionsstandorte und zum Eingehen von strategischen Allianzen, joint ventures und länderübergreifenden Fusionierungen und Konzernbildungen. Um dem permanenten scharfen Kostendruck bei gleichzeitig hohen Qualitätskriterien und

Flexibilitätserfordernissen genügen zu können, entstehen so weltumspannende „Wertschöpfungsketten", in denen die komplementäre Nutzung unterschiedlicher kulturspezifischer Arbeitsbedinungen zu einem entscheidenden Rationalisierungsfaktor wird, der eine erhebliche Reduzierung von Arbeitsplätzen zur Folge hat (vgl. SAUER/DÖHL 1994).

Zusätzlich machen die rapiden informations- und kommunikationstechnologischen Rationalisierungsfortschritte bei weltweit bestehenden Überkapazitäten kaum Produktionsausweitungen möglich: Sie kompensieren eventuelle Wachstumsbewegungen im sogenannten „jobless growth" und führen daher ebenfalls zu einem weiteren Abbau der Beschäftigtenzahlen. Die arbeitsmarktrelevanten personalpolitischen Strategien der Unternehmen werden mithin auch in Zukunft für hohe Arbeitslosenquoten sorgen.

Eine sozialpolitisch unter Umständen sinnvolle Heraufsetzung der Lebensarbeitszeit aber weitet das Erwerbspersonenpotential zusätzlich aus und bewirkt damit eine weitere Verschärfung der Arbeitsmarktprobleme. Sie verändert dazu die altersmäßige Zusammensetzung der Erwerbslosen und produziert zusätzlich politischen Zündstoff, weil der Anteil der jüngeren Arbeitslosen durch diese Maßnahmen zugunsten der älteren Beschäftigten steigt.

Betrachtet man diese Entwicklungen nun zusammen mit der in der vorliegenden Studie erstmals näher untersuchten Zunahme der nachberuflichen Erwerbstätigkeit von AltersruhegeldbezieherInnen, so läßt sich unschwer prognostizieren, daß in absehbarer Zeit ein politisch höchst brisantes, widerspruchsvolles Nebeneinander von hoher Arbeitslosigkeit und umfangreicher Alterserwerbstätigkeit entstehen wird.

Vor diesem Hintergrund konzentriert sich die öffentliche Diskussion über die Erwerbsarbeit im Alter gegenwärtig auf zwei Problembereiche. Zum einen wird die *sozialpolitische* Frage nach der Finanzierbarkeit der Renten angesichts des zunehmenden Anteils alter Menschen in der Bevölkerung erörtert; zum anderen geht es um die *arbeitsmarktpolitische* Frage der gesellschaftlichen Verteilung von Erwerbsarbeit und die damit verbundenen Finanzierungs- und Legitimationsprobleme. Die möglichen Wege zur Bewältigung dieser Schwierigkeiten weisen aber, wie gezeigt, in unterschiedliche Richtungen: Sozialpolitisch wird eine *Verlängerung* der Lebensarbeitszeit erwogen, arbeitsmarktpolitisch erscheint eine *Verkürzung* der Lebensarbeitszeit sinnvoll zu sein. Damit berühren die im Verlaufe der zunehmenden Alterung der Gesellschaft auftretenden Probleme und ihre Lösungsmöglichkeiten in hohem Maße divergierende Interessen. Die Lebensarbeitszeit wird zum „terrain of contest" (NASCHOLD 1984, S. 52) und eine Erforschung der Faktoren, die ihre Dauer und Verteilung beeinflussen, besonders dringlich.

Die Gestaltung der Lebensarbeitszeit ist zu einem Prozeß der politischen Interessenauseinandersetzung geworden, in dem Staat, Wirtschaft, Verbände und Parteien mit konträren Positionen beteiligt sind. Eingebettet ist diese

Auseinandersetzung in die allgemeine Entwicklungsdynamik „post-industrieller" Gesellschaften mit ihren weitreichenden Strukturveränderungen. Eine nähere Betrachtung des politischen und gesellschaftlichen Umgangs mit der Altersgrenze und mit der Erwerbsarbeit im Alter hat diesen Wandel gesellschaftlicher Strukturen zum einen als historische Bedingungskonstellation für die Entstehung und Vermittlung konträrer Interessen an der Lebensarbeitszeit zu reflektieren. Zum anderen vermag die Erforschung von Voraussetzungen und Erscheinungsformen der Erwerbsarbeit im Alter ihrerseits wichtige Hinweise auf zukünftige Entwicklungstendenzen der Gesellschaft zu geben, die sich exemplarisch in veränderten Biographiemustern und Arbeitsverhältnissen erkennen lassen. Auf dem speziellen Feld der Alterserwerbstätigkeit spielen sich somit Veränderungen ab, deren genaue Analyse wertvolle Erkenntnisse erbringen kann für das Verständnis von sozialem Wandel im allgemeinen.

Weil bislang der „säkulare Trend" zur Frühausgliederung älterer ArbeitnehmerInnen die Forschungslage zur Alterserwerbstätigkeit dominierte, wurde übersehen, daß es – wenn auch in zugegeben vergleichsweise geringerem Maßstab – ein geradezu gegenläufiges Phänomen der betrieblichen Nutzung älterer Arbeitskräfte gibt: Die erwerbsförmige Beschäftigung von AltersruhegeldbezieherInnen[1]. Sie stellt eine Form der Alterserwerbstätigkeit dar, bei der Betriebe die spezifischen Vorteile berufserfahrener, zeitlich flexibel einsetzbarer und materiell grundversorgter Arbeitskräfte gezielt nutzen, ohne die mit dem Einsatz Älterer verknüpften erhöhten Krankheitsrisiken und Leistungseinbußen im Rahmen allgemeiner ArbeitnehmerInnen-Schutzrechte tragen zu müssen.

Der Betrachtung der nachberuflichen Erwerbsarbeit von Rentnerinnen und Rentnern kommt unseres Erachtens somit eine besondere, perspektivische Bedeutung zu. Je nach politischem Vorzeichen kann die nachberufliche Erwerbstätigkeit von RentnerInnen ein neues Lebensarbeitszeitmodell vorgeben im Sinne einer grundsätzlichen Neuverteilung der Arbeitszeit in der Lebenszeit, oder aber unter der Präferenz beschäftigungspolitischer Ansätze zur Neuordnung der Lebensarbeitszeit erheblichen Restriktionen unterworfen werden. Die Erforschung der nachberuflichen Erwerbstätigkeit trägt dazu bei, Einblicke in den wechselvollen Prozeß der kollektiven und individuellen Gestaltung der Lebensarbeitszeit zu gewinnen und zu erkennen, welchen Stellenwert der altersstrukturelle Wandel bei der Veränderung gesellschaftlicher Strukturen einnimmt. Diese Zusammenhänge werden hier in einer genuin soziologischen Sichtweise, die System- und Handlungsperspektive inte-

---

1 Da die unterschiedlichen Einkommensquellen der älteren Menschen für unsere Untersuchung nicht von gesonderter Bedeutung erschienen, fassen wir ehemalige ArbeiterInnen, Angestellte und Beamte zu einer gemeinsamen Kategorie von RuheständlerInnen mit eigener Altersversorgung – AltersruhegeldbezieherInnen – zusammen. Im folgenden bezeichnen wir diese RuheständlerInnen, die ein Transfereinkommen beziehen, aus sprachpragmatischen Gründen oft kurz als RentnerInnen.

griert, betrachtet. Schließlich sind gesellschaftliche Strukturen Produkte interagierender Subjekte, die sich selbst wiederum in den Strukturen sozialer Ordnungen als vernunftbegabte, sprach- und handlungsfähige Akteure bewegen. In den Gegensätzen und Übereinstimmungen zwischen den betrieblichen Interessen und Strategien zur Beschäftigung von RentnerInnen einerseits und den subjektiven Motiven, Orientierungen und Erwartungen nachberuflich tätiger Altersruhegeldbezieher andererseits wird beispielhaft das gesellschaftskonstituierende Zusammenwirken von subjektivem Handeln und objektiven Strukturen erkennbar.

Dieser allgemeine Rahmen gibt der Untersuchung im wesentlichen drei Schwerpunkte vor: Einen gesellschaftstheoretischen, einen industriesoziologischen und einen sozialgerontologischen.

Gesellschaftstheoretisch steht ganz allgemein die Frage im Vordergrund, welcher Zusammenhang zwischen dem Alterungsprozeß der Gesellschaft und dem generellen Strukturwandel hochentwickelter Industriegesellschaften besteht. Das besondere Interesse richtet sich dabei auf die Veränderungen im Bereich der gesellschaftlichen Arbeit: Also ihre allgemeinen Organisationsformen, die Mechanismen der Verteilung von Arbeit und der Entstehung sozialer Ungleichheiten, die Länge und die Struktur von Arbeitszeiten und ihr Zusammenhang mit Erwerbsbiographien; schließlich ist die Frage nach der Zentralität von Arbeit in der Lebensgestaltung der alten Menschen zu stellen.

Wir gehen davon aus, daß der demographische Wandel und der Formwandel der Arbeit, der im Zuge der Erosion des Normalarbeitsverhältnisses zu weitreichenden Differenzierungen der Beschäftigungsverhältnisse führt, doppelt ineinandergreifen. Zum einen ist zu erwarten, daß aus der beständig größer werdenden Gruppe der über 60jährigen Forderungen nach altersadäquater Beschäftigung in Form von erwerbsförmig organisierter Arbeit erhoben werden, zumal diese Form der Aktivität in einer erwerbszentrierten Gesellschaft als Indikator für personale Leistungsfähigkeit fungiert und folglich hohe soziale Anerkennung genießt. Der demographische Wandel wird – so unsere These – die Betriebe langfristig vor neue Anforderungen an die soziale Integration älterer Menschen stellen. Zum anderen eröffnen die Deregulierungs- und Flexibilisierungstendenzen im Rahmen betrieblicher Personaleinsatzstrategien neue Dimensionen, wenn sie auf ein spezifisches Arbeitskräftepotential fokussieren, das zum Massenphänomen des demographischen Umbruchs avanciert: Menschen im fortgeschrittenen Erwachsenenalter, die ihre reguläre Erwerbsphase bereits beendet haben und noch eine sozialstaatlich garantierte Ruhestandsphase vor sich haben, die bis zu einem Viertel ihrer gesamten Lebensspanne umfaßt. Strategien zur Neuorganisation und Rationalisierung der Arbeit berühren aus der Sicht dieser aktiven Alten ihre Möglichkeiten, neue subjektive Sinndimensionen in Form spezifischer Beschäftigungsverhältnisse zu finden.

Das *industriesoziologische* Erkenntnisinteresse richtet sich primär auf die Zusammenhänge von sozialstrukturellen und arbeitsorganisatorischen Veränderungen. Am Beispiel des Wandels demographischer Strukturen gilt es, die betrieblichen Wahrnehmungsweisen von und die Reaktionsformen auf sozialstrukturelle Veränderungen zu analysieren. Die theoretische Relevanz von Erkenntnissen über die betrieblichen Handlungsweisen bezüglich der demographischen Veränderungen liegt so vor allem in ihren möglichen Aussagen zum generellen Verhältnis von Betrieb und Gesellschaft.

Zu fragen ist demnach zunächst, auf welche Weise Betriebe gesellschaftliche Veränderungen wahrnehmen. Diese Frage richtet sich sowohl auf die in den Betrieben hierfür getroffenen – oder auch nicht getroffenen – organisatorischen und personellen Verfahren, Vorkehrungen und Ressourcen, aber auch auf die in den Betrieben relevanten Deutungsmuster, Interpretationsschemata, Orientierungslinien für die Wahrnehmung und Verarbeitung von Veränderungen des gesellschaftlichen Kontextes. Das heißt, zentral ist das Interesse am Prozeß der betrieblichen Konstruktion der externen Wirklichkeit, also der sozialen Umwelt, und den daraus resultierenden betrieblichen Handlungsweisen.

In Bezug auf die betrieblichen Wahrnehmungsweisen von Gesellschaft ist zunächst zu ermitteln, welche relative Bedeutung dem gesellschaftlichen Alterungsprozeß gegenwärtig in den Betrieben beigemessen wird, wie er registriert wird und in welcher Form ihn betriebliche Strategien aufgreifen. Hierbei steht zu erwarten, daß zwei allgemeine Dimensionen der betrieblichen Problematisierung von gesellschaftlichen Alterungsprozessen erkennbar werden: Zum einen die „marktökonomische" Perspektive, aus der Veränderungen in der demographischen Struktur der Gesellschaft zu Anlässen für Produktinnovation und -diversifikation werden; zum anderen die „produktions- oder prozeßökonomische" Perspektive, aus der vor allem die mit dem gesellschaftlichen Alterungsprozeß verbundenen Strukturveränderungen der Arbeitsmärkte in ihren Konsequenzen für die innerbetriebliche Organisation von Produktions- und Verwaltungsprozessen thematisiert werden.

Die Untersuchung nachberuflicher Erwerbsarbeit von Rentnerinnen und Rentnern konzentriert sich auf die zweite Perspektive. Sie fragt – im Zusammenhang mit Personaleinsatz- und Entwicklungsstrategien – nach bereits vorgenommenen oder beabsichtigten Veränderungen in der Struktur des Arbeitsplatzangebotes der Betriebe. Weiter muß es bei der Eruierung der betrieblichen Strategien um die Ermittlung der unternehmenspolitischen Zielsetzungen bezüglich des gegenwärtigen und künftigen Umgangs mit der Altersgrenze gehen, stellen doch die diesbezüglichen Strategien der Betriebe einen wesentlichen Einflußfaktor auf die sozialpolitischen Regelungen der Lebensarbeitszeit dar.

Konkret ist in diesem Zusammenhang zu untersuchen, ob Rentnerinnen oder Rentner beschäftigt werden oder nicht, ob diese Entscheidungen zufällig oder geplant sind, in welchem Umfang solche Beschäftigungen als möglich angesehen werden und unter welchen internen und externen Bedingungen Betriebe bereit sind, AltersrentnerInnen ganz oder teilweise zu beschäftigen. Solche Informationen geben auch Auskunft über das eventuelle Entstehen eines spezifischen Arbeitsmarktes für alte und nachberuflich Erwerbstätige.

In der Analyse betrieblicher Reaktionsweisen auf die demographischen Veränderungen soll also deutlich werden, wie Betriebe den Alterungsprozeß von Gesellschaft auffassen und in welcher Weise dieser Wandel in die Definition ihrer Interessenlagen eingeht, unternehmenspolitische Zielsetzungen beeinflußt, Handlungsstrategien prägt und dadurch Strukturen der Arbeitsorganisation verändert werden. Diese seitens der Betriebe vorgenommenen (oder auch nicht vorgenommenen) Veränderungen in den Strukturen der Arbeit gehen als objektive Faktoren seitens des Beschäftigungssystems in den Prozeß der Interessenauseinandersetzung um die Lebensarbeitszeit ein und stellen reale Bedingungen für das Altern in dieser Gesellschaft dar.

Sozialgerontologisch wichtig ist vor allem die Bedeutung von Erwerbsarbeit für die Lebensgestaltung älterer Menschen. Man kann bei der Untersuchung dieser Frage sicherlich davon ausgehen, daß die lebensgeschichtlich erworbenen Erfahrungen von Arbeit die Einstellungen zur Erwerbsarbeit im Alter wesentlich beeinflussen, daß aber darüber hinaus die konkrete Lebenssituation nach der Verrentung von entscheidender Wichtigkeit ist. Trotz der Tendenz zur Entkoppelung von Lebenslagen und Lebensstilen ist doch die Lebenssituation im Alter nicht unabhängig vom Lebensverlauf denkbar. Es erscheint daher sinnvoll, den Stellenwert, der der Erwerbsarbeit im Alter von den Rentnerinnen und Rentnern beigemessen wird, auf typische biographische Merkmale zu beziehen.

Da gegenwärtig kaum verläßliche Daten über das quantitative Ausmaß der Erwerbstätigkeit von Rentnerinnen und Rentnern in der Bundesrepublik vorliegen, kommt diesem Aspekt in der von uns durchgeführten Repräsentativerhebung eine große Bedeutung zu. Hierbei soll erkennbar werden, wie von zentralen Betroffenen – ältere Menschen einerseits, betriebliche Entscheidungsträger andererseits – die freiwillige Möglichkeit einer nachberuflichen Erwerbstätigkeit eingeschätzt wird, wie groß die Bereitschaften zur Erwerbstätigkeit von Rentnerinnen und Rentnern sind und ob der globale Trend in entwickelten Industriegesellschaften zu möglichst früher Verrentung auch in Zeiten des demographischen Wandels langfristig anhalten wird.

Weiter haben wir in den Befragungen ermittelt, unter welchen Bedingungen Rentnerinnen und Rentner zur Aufnahme einer nachberuflichen Erwerbsarbeit bereit sind bzw. zu arbeiten wünschen. Arbeitszeiten, Entgeltformen, Qualifikationsniveaus, Dispositions-, Autonomie-, Kontrollmöglichkeiten, Kommunikation etc. sind hier wesentliche Merkmalsdimensionen, entlang derer die Bereitschaften, nach der Verrentung weiter oder nochmals zu arbeiten, variieren. In diesem Zusammenhang ist die vorhandene oder die fehlende Bereitschaft zur Erwerbsarbeit immer auch zu beziehen auf die konkreten Arbeitserfahrungen im Verlauf der vorgängigen Erwerbsbiographie. Es muß versucht werden, die Beurteilung von Möglichkeiten nachberuflicher Erwerbstätigkeit als Bewertung der erlebten Arbeitsbedingungen verständlich werden zu lassen; das heißt, in den Interviews wurde insbesondere nach den erwünschten Merkmalen einer nachberuflichen Arbeit gefragt, um diese mit den real vorhandenen zu konfrontieren. Zentral sind dabei natürlich die Erfahrungen, die erwerbstätige Rentnerinnen und Rentner vor und nach dem Erreichen der Altersgrenze gemacht haben. Gefragt wurde hier nach den erlebten Unterschieden und Gemeinsamkeiten zwischen Berufsarbeit und nachberuflicher Arbeit, nach den Motiven und Gründen sowie den konkreten Bedingungen der ausgeführten Arbeit.

Insgesamt soll die Studie in einer Zusammenschau der gesellschaftstheoretischen, der industriesoziologischen und der sozialgerontologischen Aspekte die verschiedenen Positionen und Bedingungen erkennbar machen, die die Auseinandersetzung und die Vermittlung divergierender Interessen im Prozeß der gesellschaftlichen Regulierung der Lebensarbeitszeit prägen, die die Organisationsformen der Arbeit beeinflussen und letztlich beitragen zum altersstrukturell bedingten Wandel der Gesellschaft.

Eine besondere Aufmerksamkeit der Untersuchung gilt dabei auch dem Bemühen, die bisherige Engführung der öffentlichen Diskussion über die Lebensarbeitszeit und die Alterserwerbsarbeit auf die beiden Problembereiche Arbeitsmarkt und Sozialpolitik zu überwinden. Arbeit wird nämlich in dieser Debatte zumeist auf ihre wertschaffenden und anspruchsbegründenden Funktionen reduziert. Ausgeklammert bleibt dabei die Bedeutung, die Arbeit für die Identität und die Persönlichkeit des Arbeitenden und für seine gesellschaftliche Integration besitzt. Arbeit ist eben nicht nur unter ökonomischen und politischen Gesichtspunkten wichtig, sondern zumindest ebenso als Erfahrungsmöglichkeit von Gesellschaft, als Teilhabe an der Kultur und als Chance zur aktiven Mitgestaltung künftiger Entwicklungen. Arbeit vermittelt Möglichkeiten der Kommunikation und der Partizipation, sie verschafft soziale Anerkennung, legt den Status und die gesellschaftliche Verortung fest und trägt zur Kompetenzentwicklung bei. Arbeit ist somit sicher nicht der einzige, aber bestimmt ein wesentlicher Sinn des Lebens. Die Legitimität politischer Entscheidungen über die Teilhabe an und die Ausgrenzung von der Arbeit, über ihre Dauer und über ihre Verteilung auf bestimmte Bevölkerungsgruppen, bemißt sich auch daran, ob diese elementaren Gegebenheiten berücksichtigt werden. Wie unsere Ergebnisse zeigen, sind gerade für ältere Menschen diese identitätskonstituierenden, sinnvermittelnden und sozialintegrativen Seiten der Arbeit von besonderer Bedeutung.

1.1 Die Erwerbstätigkeit von Altersrentnerinnen und -rentnern

1.1.1 Sozialstatistische Daten

Im Jahr 1994[2] lebten in der Bundesrepublik Deutschland rund 17,4 Mio. über 60jährige Menschen. Davon repräsentierten Frauen mit gut 61% den größten Anteil innerhalb der älteren Generation. Gemessen an der Gesamtzahl der EinwohnerInnen stellen die über 60jährigen damit bereits mehr als 21% der Bevölkerung. Während die Zahl der über 60jährigen in den letzten Jahrzehnten kontinuierlich angestiegen ist, verminderte sich der Anteil der unter 20jährigen dagegen stetig und liegt heute bei ebenfalls 21%. Dieser Prozeß der altersstrukturellen Verschiebung wird sich in Westeuropa noch fortsetzen. Bevölkerungsprognosen sagen voraus, daß im Jahr 2010 auf 27% über 60jährige nur noch 18% unter 20jährige kommen werden. Zwei Jahrzehnte später wird bereits jeder dritte Westeuropäer das 60. Lebensjahr überschritten haben.

Im Kontext der internationalen demographischen Entwicklung, die primär unter der Perspektive der „Bevölkerungsexplosion“ gesehen wird, mag der altersstrukturelle Wandel in der Bundesrepublik marginal erscheinen. Für die gesellschaftliche Organisation der Arbeit in fortgeschrittenen Industriegesellschaften ist dieser Wandel der Bevölkerungsstruktur gleichwohl höchst bedeutungsvoll. Die Alterung der Gesellschaft führt unmittelbar zu einem Rückgang des Erwerbspersonenpotentials und zu einem beständigen Anstieg der Zahl der Rentenberechtigten. Damit stehen die Systeme der sozialen Sicherheit künftig vor tiefgreifenden Umstrukturierungen, wenn bei sinkendem Beitragsaufkommen zunehmend mehr Transferleistungen erbracht werden müssen. Aber auch die Struktur des Erwerbspersonenpotentials wird von den demographischen Veränderungen erheblich tangiert: Perspektivisch wird das Arbeitskräfteangebot verstärkt durch mittlere und höhere Altersklassen repräsentiert werden. Nach BÄCKER und NÄGELE (1993) wird der Anteil der unter 30jährigen an den Beschäftigten bereits im Jahr 2010 nur noch zwischen 23 und 25% liegen und zwei Jahrzehnte später auf 20% abgesunken sein, während der Anteil der über 50jährigen von 26% auf über 30% im Jahr 2030 steigen wird.

Die prognostizierten Auswirkungen des demographischen Wandels auf den Arbeitsmarkt haben die Betriebe bislang jedoch kaum erreicht. Vielmehr zeigt sich der betriebliche Trend zum Abbau der Alterserwerbstätigkeit als ungebrochen. Die Ausgliederung älterer ArbeitnehmerInnen dient hierbei sowohl als Strategieelement des Personalmanagements, möglichst reibungslose Anpassungen an sich verschlechternde Marktbedingungen vorzunehmen, aber auch als ein Instrument der Umschichtung und Verjüngung der

---

2 Ergebnisse laut Mikrozensus vom April 1994.

Belegschaften (vgl. BÄCKER 1987, S. 301). Argumentiert wird betrieblicherseits mit den Beschäftigungs- und Einsatzschwierigkeiten von älteren ArbeitnehmerInnen. Die betriebliche Nutzung der älteren Arbeitskräfte erscheint angesichts qualifikatorischer Defizite und höherer Krankheitsrisiken suboptimal, erhöhte Personal- und Personalnebenkosten können aus betriebswirtschaftlicher Sicht am besten durch den Abbau älterer Belegschaften eingespart werden (vgl. DETERS ET AL. 1989, S. 9 f.).

Sichtbar wird der Trend zur möglichst frühzeitigen Ausgliederung älterer Erwerbstätiger in der amtlichen Erwerbstätigkeitsstatistik, die auf den jährlichen Mikrozensus-Erhebungen beruht. Demnach lag der Gesamtanteil der Erwerbstätigen in der Gruppe der 60- bis 65jährigen im Jahr 1994 bei weniger als 18% (vgl. *Abbildung 1*). Nur jeder vierte Mann und nur knapp jede zehnte Frau ist in diesem Alter noch erwerbstätig. Von den über 65jährigen gehen laut amtlicher Statistik nur 2,4% einer Erwerbstätigkeit nach. Auch hier überwiegt die Zahl der Männer, die etwa 75% aller älteren Erwerbstätigen stellen.

Abbildung 1: Anteil der Erwerbstätigen an der Gesamtbevölkerung in den jeweiligen Altersgruppen (1994)

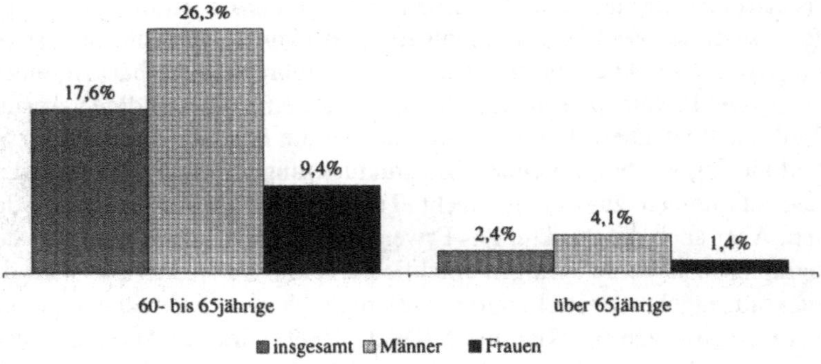

Hinsichtlich der Stellung im Beruf bestehen bedeutsame Unterschiede zwischen den Geschlechtern (vgl. *Abbildung 2*). Mehr als die Hälfte der über 65jährigen Männer sind als Selbständige tätig, nur ein knappes Drittel ist abhängig beschäftigt. Nach den Angestellten und Arbeitern bilden die mithelfenden Familienangehörigen nur die viertstärkste Gruppe der erwerbstätigen Männer. Eine Minderheit befindet sich noch in der aktiven Beamten-Dienstzeit. Die älteren erwerbstätigen Frauen sind dagegen zu fast gleichen Teilen als Selbständige, mithelfende Familienangehörige und Angestellte tätig. Die beiden letztgenannten beruflichen Stellungen einschließlich der Gruppe der LohnempfängerInnen sind für Frauen hierbei quantitativ bedeutungsvoller als für Männer. Der Beamtenstatus scheint dagegen ausschließlich den Männern vorbehalten zu sein; über 65jährige Frauen finden sich in dieser Gruppe nicht.

Abbildung 2: Über 65jährige Erwerbstätige nach Stellung im Beruf (1994)

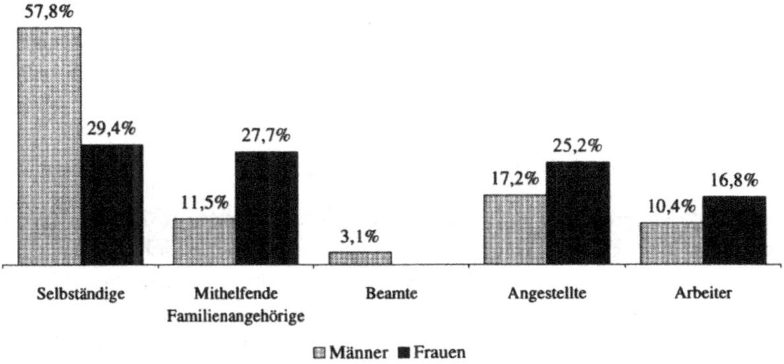

Die Erhebungen des statistischen Bundesamtes lassen jedoch keine Rückschlüsse auf den zeitlichen Umfang, die arbeitsrechtliche Absicherung und die konkreten Arbeitsinhalte der Erwerbstätigkeiten dieser Älteren zu. Und auch die Frage, in welchem Umfang es sich bei diesen Beschäftigungsverhältnissen um fortgeführte Berufstätigkeiten über den Verrentungszeitpunkt hinaus handelt bzw. inwieweit es sich insbesondere in der Gruppe der über 65jährigen um gezielte, nachberufliche Aushilfstätigkeiten handelt, bleibt ungeklärt. Zudem geben diese Erwerbsquoten keine Auskünfte über die Einkommensstruktur der älteren Erwerbstätigen und lassen somit offen, in welchen Anteilen es sich insbesondere bei den über 65jährigen Erwerbstätigen um weiterbeschäftigte NormalarbeitnehmerInnen oder um nebenerwerbstätige RentnerInnen handelt. Aus den Erwerbsquoten läßt sich damit zunächst nur recht allgemein das Phänomen einer Alterserwerbstätigkeit über den gesetzlichen Verrentungszeitpunkt hinaus nachweisen. Gesicherte Aussagen über das Ausmaß der Kopplung von Rente und Erwerbseinkommen bzw. der Erwerbstätigkeit von Altersrentnerinnen und -rentnern können hieraus nicht abgeleitet werden.

Lediglich die zwischenzeitlich eingeführte Meldepflicht für geringfügige Beschäftigungsverhältnisse liefert erste statistische Hinweise auf das Phänomen der Erwerbstätigkeit von AltersruhegeldbezieherInnen. Demnach waren 1994 21,6% aller über 65jährigen Erwerbstätigen auf Geringfügigkeitsbasis mit einem maximalen Monatseinkommen von 580 DM beschäftigt. Ältere Frauen gehen diese Beschäftigungsverhältnisse mit 27,7% weitaus häufiger ein als gleichaltrige erwerbstätige Männer, von denen 18,2% sozialversicherungsfrei tätig sind. Zumindest für die Gruppe der männlichen, über

65jährigen Geringverdiener kann unseres Erachtens angenommen werden, daß es sich hierbei um erwerbstätige Rentner handelt, da die geringe Höhe dieser Erwerbseinkommen kaum ausschließlich zur Sicherung des Lebensunterhaltes ausreichen dürfte. Vermutet man für die geringverdienenden Männer eine zusätzliche Einkommensquelle, dann wird diese angesichts der vom männlichen Normallebenslauf maßgeblich geprägten Einkommensstruktur der privaten Haushalte eher aus eigenen Versichertenrenten als aus Erwerbseinkommen der Lebenspartnerinnen bestehen.

1.2.2 Sozialwissenschaftliche Forschungsergebnisse

In der bundesdeutschen Literatur finden sich erst wenige Hinweise auf das Phänomen der Erwerbstätigkeit von AltersruhegeldbezieherInnen. In den letzten zehn Jahren sind einige Arbeiten zur Erwerbstätigkeit von Menschen, die bereits das Ruhestandsalter erreicht haben, veröffentlicht worden. Im folgenden sollen die uns bekannten Untersuchungen, die mehr oder weniger explizite Aussagen über die Gruppe der erwerbstätigen Altersrentnerinnen und -rentner in Deutschland enthalten, kurz chronologisch vorgestellt werden.

Nebenerwerbstätigkeit in der Sozialstatistik

HELBERGER/SCHWARZE (1986) befragten in vier Einzelerhebungen zwischen Februar 1984 und Januar 1985 insgesamt 7.826 Männer und Frauen über 14 Jahre, die im ehemaligen Gebiet der Bundesrepublik einschließlich West-Berlin in Privathaushalten lebten, eingehend zu ihren Erwerbstätigkeiten. Dabei stießen sie mit ihrer Untersuchung im Rahmen des Sonderforschungsbereichs 3 der Universitäten Frankfurt und Mannheim beiläufig auf das Phänomen erwerbstätiger Rentnerinnen und Rentner.

Primäres Ziel der Untersuchung war eine Neudefinition des Begriffes der Nebenerwerbstätigkeit und damit eine Überwindung der Begrenztheit des traditionellen Erwerbskonzeptes der amtlichen Sozialstatistik. Nach dem sogenannten Erwerbskonzept der Sozialstatistik zählen bekanntlich alle Gesellschaftsmitglieder, die eine auf Erwerb gerichtete Tätigkeit ausüben oder suchen, zur Gruppe der Erwerbspersonen; unabhängig von der Höhe des erzielten Einkommens und der aufgewendeten Arbeitszeit. Nebenerwerbstätigkeiten werden vom Statistischen Bundesamt dabei als Mehrfachbeschäftigungen von Erwerbspersonen verstanden und erhoben. HELBERGER/SCHWARZE (1986, S. 274) kritisieren an diesem Erwerbskonzept, daß „die Erwerbstätigkeiten der Personen, die ihren überwiegenden Lebensunterhalt nicht durch Erwerbstätigkeit bestreiten, also Rentner, Schüler, Studenten, Hausfrauen und Arbeitslose, .. nach der Definition des Mikrozensus nicht als

Nebenerwerbstätigkeiten verstanden“ werden, sondern zu den regulären, ersten Beschäftigungsverhältnissen hinzugezählt werden.

HELBERGER/SCHWARZE plädieren für einen modifizierten Begriff von Nebenerwerbstätigkeit, der die soziale Stellung der Beschäftigten maßgeblich berücksichtigt (vgl. *Abbildung 3*). Ihr Interesse gilt weniger den nebentätigen Vollzeit-Beschäftigten als vielmehr „Personen, die überwiegend nicht erwerbstätig sind, [und] im Rahmen einer Nebenerwerbstätigkeit noch erwerbstätig“ sind (S. 275). Die sichere statistische Identifikation dieses Arbeitsmarktsegments erscheint für Aussagen zur sogenannten Schattenwirtschaft und zur zunehmenden Deregulierung von Beschäftigungsverhältnissen besonders interessant.

Abbildung 3: Vorschlag zur begrifflichen Systematik von Nebenerwerbstätigkeiten[3]

	Erwerbstätige[4]	*Nichterwerbstätige*[5]
nicht nebenerwerbstätig	„Normalfall eines Erwerbstätigen“	Nichterwerbstätige
nebenerwerbstätig	Nebenerwerbstätige im engeren Sinn	Nebenerwerbstätige im weiteren Sinn

HELBERGER/SCHWARZE weisen in ihrem Datensatz für 1984 eine Nebenerwerbsquote von 10% aller Befragten – unabhängig, ob diese in der amtlichen Statistik als Erwerbspersonen geführt werden oder nicht – aus. Nach ihren Recherchen besteht ein enger Zusammenhang zwischen der finanziellen Lage der Befragten und der Bereitschaft, einer randständigen Tätigkeit nachzugehen. „Je niedriger das Pro-Kopf-Einkommen im Haushalt, desto mehr Nebenerwerbstätigkeit wird geleistet.“ (S. 271) Allerdings variiert die Erwerbsneigung zwischen den niedrigeren Einkommensgruppen noch einmal. Teilzeiterwerbstätige und in Ausbildung Befindliche werden häufiger nebenerwerbstätig, Hausfrauen und RentnerInnen tendieren eher selten zur Aufnahme von Erwerbsarbeit. Nennenswerte Geschlechterdifferenzen existieren laut HELBERGER/SCHWARZE nicht. Während 30,3% aller SchülerInnen und 22,9% aller StudentInnen angeben, einem Aushilfsjob nachzugehen, sind nur 5,8% der Hausfrauen und nur 3,8% der RentnerInnen in solchen Schattenarbeitsverhältnissen zu finden.

Für die Gruppe der Rentnerinnen und Rentner wird, so erkennen auch HELBERGER und SCHWARZE, der oben ausgeführte materielle Begründungszusammenhang brüchig. Die Tatsache, daß eine beträchtliche Zahl älterer

3 Übersicht nach HELBERGER/SCHWARZE 1986

4 Zuordnung nach überwiegender sozialer Stellung: Vollzeiterwerbstätige, Teilzeiterwerbstätige, Personen in Ausbildung

5 Zuordnung nach überwiegender sozialer Stellung: Arbeitslose, Schüler, Studenten, Haushaltsführende, Rentner

Menschen – insbesondere Rentnerinnen – nur unzureichend finanziell ausgestattet ist, spiegelt sich gerade nicht in einer hohen Nebenerwerbsquote wider. HELBERGER/SCHWARZE kommen zu dem im weiteren noch zu diskutierenden Fazit: „Die Renten erscheinen den meisten Rentnern offenbar auskömmlich genug oder aber die Rentner sind aus physischen Gründen oder aus Gründen der Struktur der Nachfrage nach Arbeitskräften auf dem Arbeitsmarkt nicht in der Lage, Nebentätigkeiten auszuüben." (S. 278)

Kohortenspezifik der Lebensverläufe

Vor einem völlig anderen theoretischen Hintergrund nähern sich BRÜCKNER/MAYER (1987) dem Thema der Erwerbstätigkeit im Ruhestandsalter. Ihr Interesse gilt dem Zusammenhang von Geburtskohorten und Lebensverläufen, insbesondere Erwerbsverläufen und Rentenzugängen. Nach BRÜCKNER/MAYER wirkt die Lebensgeschichte in dreifacher Weise auf den individuellen Übergang in den Ruhestand ein: Sie produziert die ökonomische, berufliche und gesundheitliche Situation, in der sich die einzelnen vor dem Übergang in den Ruhestand befinden, sie definiert die objektiven, bürokratischen Kriterien für Versorgungsansprüche im Alter und sie bestimmt die biographischen Perspektiven, die entweder eine Flucht aus der Erwerbsarbeit oder ein Festhalten an der Arbeitsrolle verstärken (BRÜCKNER/MAYER 1987, S. 103-104).

Die Untersuchung wurde als Fortsetzung der 1981/82 im Sonderforschungsbereich 3 der Universitäten Frankfurt und Mannheim – „Mikroanalytische Grundlagen der Gesellschaftspolitik" – durchgeführten, retrospektiv angelegten Repräsentativbefragung der Familiengeschichte, Bildungs- und Berufsverläufe von Männern und Frauen der Geburtskohorten 1929 bis '31, 1939 bis '41, 1949 bis '51 konzipiert. BRÜCKNER/MAYER widmeten sich im Rahmen des Forschungsprogramms „Lebensverläufe und gesellschaftlicher Wandel" des Max-Planck-Instituts für Bildungsforschung Berlin schließlich auch den Geburtsjahrgängen 1919 bis '21. Insgesamt wurden 407 repräsentativ ausgewählte Personen dieser Altersgruppe im Jahr 1986 mündlich interviewt.

BRÜCKNER/MAYER betonen, daß es eine *kollektive* Lebensgeschichte einzelner Geburtskohorten gibt (S. 104), die sich insbesondere in den untersuchten Geburtsjahrgängen zu einem gemeinsamen, kriegsbedingten Kohortenschicksal verdichten. Typisch für diese Generation sind niedrige Ausbildungsniveaus, häufige Wechsel der beruflichen und betrieblichen Stellungen, gleichwohl aber ausgeprägte innerbetriebliche Karrieren. Mit niedrigen Eingangsqualifikationen konnten diese Menschen durchaus größere berufliche Aufstiege realisieren, da sich Berufsqualifikationen auch noch nachträglich durch berufliche Weiterbildungen erwerben ließen. Nicht selten lassen sich diese Aufstiege auch in Statuswechseln von Arbeiter- in Angestellten- bzw. Beamtenpositionen nachzeichnen (S. 105).

Nur beiläufig finden BRÜCKNER und MAYER in ihrem Forschungskontext eine kleine Gruppe von über die Altersgrenze hinweg noch Erwerbstätigen. Diese sind überwiegend älter als 65 Jahre[6], voll erwerbstätig und haben bislang keinen konkreten Rententermin anvisiert. Vorwiegend handelt es sich in dieser Gruppe bei den Männern um Selbständige, Freiberufler sowie höhere Angestellte. Die Frauen verdienen eher als Kleingewerbetreibende und mithelfende Familienangehörige ihren Unterhalt. „Begründet wird die Fortführung des Erwerbslebens überwiegend mit ökonomischen Zwängen ..., seltener mit einer beruflichen Befriedigung und Identifikation. Die Arbeit wird eher als belastend empfunden, besonders, wenn gesundheitliche Beeinträchtigungen vorhanden sind.“ (S. 114)

Für die Autoren ist unbestritten, daß diese – in Relation zur Gesamtkohorte nicht näher quantifizierte – Gruppe durch überlange Erwerbstätigkeit vorrangig die kohortenspezifischen Benachteiligungen auf dem Arbeitsmarkt kompensiert. Nach verspätetem Berufseinstieg und finanzieller Belastung in den Jahren des Wiederaufbaus kann es sich diese Teilgruppe noch nicht leisten, endgültig aus dem Erwerbsleben auszuscheiden. Einen Trend wollen BRÜCKNER/MAYER allerdings weder in dem Gruppenphänomen der verlängerten Lebensarbeitszeit noch in der allgemeinen Entwicklung zur Frühverrentung ausmachen. Im Gegenteil warnen sie sogar, daß es sich „bei dem in den letzten Jahren und gegenwärtig zu beobachtenden Prozeß des Übergangs [*vom Erwerbsleben in den Ruhestand; Anmerkung d. Verf.*] durchaus um eine außergewöhnliche Kohortensituation handeln könnte, aus der man nicht ohne weiteres trendartig auf weitere Entwicklungen schließen darf.“ (S. 106)

Erwerbswünsche als Indikator für Leistungsbereitschaft

SCHUMACHER stößt anläßlich einer empirischen Überprüfung der These von der „Krise der Leistungsgesellschaft“ auf Erwerbswünsche von Rentnerinnen und Rentnern. Leistungshandeln, so seine Ausgangsüberlegung, findet in unterschiedlichen sozialen Kontexten, nicht allein im Berufsleben, statt. In eine Diagnose über den angeblichen Leistungsverfall in der erwerbsförmig organisierten Arbeit müssen andere relevante Lebensbereiche miteinbezogen werden, um „Verlagerungsprozesse von Leistung innerhalb der Gesellschaft“ (S. 68) nachzeichnen zu können.

Im Herbst 1983 wurden 1.959 repräsentativ ausgewählte Personen befragt, zusätzlich fanden Kontrastgruppeninterviews in den drei ausgewählten Lebensbereichen Arbeit, Familie und Politik statt. Die Befragten sollten unter anderem die folgenden zehn Lebensbereiche nach a) dem Raum, den diese Lebensbereiche in ihrem Leben aktuell einnehmen, sowie b) dem Raum, den diese Lebensbereiche einnehmen würden, wenn sie es so einrichten könnten,

6 Die Befragten der Kohorte 1919-21 waren zum Zeitpunkt der Befragung (1986) zwischen 65 und 67 Jahren alt.

wie sie wollen, einschätzen: Ehe/Partnerschaft, Freunde und Bekannte, eigene Kinder, Freizeitaktivitäten, Hausarbeit, Eltern und Geschwister, Berufsarbeit, politische Interessen, Bildung, Religion. Zur Bewertung wurde eine siebenstufige Skala (1 = nimmt keinen Raum ein; 7 = nimmt besonders großen Raum ein) vorgegeben. Das metrische Meßniveau erlaubt folglich einen Vergleich der Mittelwerte zwischen realer und idealer Bedeutung der einzelnen Lebensbereiche. Zu Vergleichszwecken hebt SCHUMACHER die Leistungsprofile dreier Teilgruppen heraus: ganztägig Erwerbstätige, Hausfrauen und RentnerInnen. An dieser Stelle sollen ausschließlich die Befragungsergebnisse der RentnerInnengruppe (n = 280) dokumentiert werden.

Das Berufsleben nimmt mit 1,7 von sieben möglichen Punkten gegenüber den anderen neun Lebensbereichen den erwartungsgemäß geringsten Stellenwert im Leben dieser Personengruppe ein. Hinter diesem rechnerischen Mittelwert verbirgt sich allerdings eine starke Minderheit von 39% aller befragten RentnerInnen, die sich eine stärkere Beteiligung am Erwerbsleben wünschen. Die Abweichungen zwischen Ist und Soll sind mit 3,4 Punkten neben dem Bereich Ehe und Partnerschaft am deutlichsten gegenüber den anderen abgefragten Lebensbereichen ausgeprägt.

Durch zusätzliche Fragen nach den Erwerbswünschen stößt SCHUMACHER auf insgesamt 8% RentnerInnen, die bereits einer Nebenerwerbstätigkeit nachgehen (S. 94), sowie 19%, die sich dies wünschen.[7] Ein Drittel wünscht eine Erwerbstätigkeit bis zu zehn Stunden pro Woche, alle anderen präferieren zwischen elf und zwanzig wöchentliche Arbeitsstunden. Ihre Erwerbswünsche begründen 42% damit, Kontakt zu anderen Menschen zu suchen, 34% wollen eine sinnvolle Arbeit tun, 32% macht Arbeit einfach Spaß, 20% wollen sich mehr leisten und 13% motiviert eine unzureichende Rente.[8]

SCHUMACHER folgert aus diesen Erwerbswünschen, „... daß das ungenutzte Erwerbstätigkeitspotential von Rentnern mehr als doppelt so groß ist wie das genutzte“ (S. 97). Auch am Beispiel der Rentnerinnen und Rentner lasse sich zeigen, daß die These von einem Leistungsverfall in dieser Gesellschaft empirisch nicht haltbar sei. SCHUMACHER muß allerdings einräumen, daß „die Chancen, die hier geäußerte Leistungsbereitschaft auch tatsächlich einzusetzen, ... nicht besonders gut (stehen): die Grenzen zwischen Erwerbstätigkeit und Nichterwerbstätigkeit sind zu scharf gezogen ...“ (S. 98). Subjektive Wünsche und soziale Wirklichkeit klaffen aus der Sicht der erwerbsarbeitsorientierten Rentnerinnen und Rentner weit auseinander.

---

7 Zur Erinnerung: HELBERGER/SCHWARZE (1986) ermitteln für die Rentnerinnen und Rentner im Jahr 1984 eine Nebenerwerbsquote von 3,8%.

8 Zwei Nennungen möglich.

Erwerbsarbeit und Lebensalter

Auch nach den Ergebnissen des Sozio-ökonomischen Panels für die Bundesrepublik Deutschland (SOEP) liegt die Erwerbsbeteiligung von Renterinnen und Rentnern höher, als HELBERGER/SCHWARZE (1986) in ihrer Nebenerwerbsstudie vermuten. PISCHNER/WAGNER (1992) weisen eine „Aktivitätsquote" von 5,2% Erwerbstätigen in der Gruppe der Rentnerinnen und Rentner im SOEP-Datensatz (n = 1.277) nach. Zwei Gruppen haben nach den Erkenntnissen von PISCHNER und WAGNER eine erhöhte Wahrscheinlichkeit, neben der Rente ein Erwerbseinkommen zu beziehen: Selbständige und Versicherte, die vor dem Rentenzugang arbeitslos waren (S. 111). Für beide Gruppen lassen sich finanzielle Engpässe in der Rentenversorgung vermuten, die zu einer Fortführung bzw. Wiederaufnahme von Erwerbsarbeit motivieren.

PISCHNER/WAGNER decken darüberhinaus einen bemerkenswerten Zusammenhang zwischen Erwerbsarbeit und Lebensalter auf: Die Erwerbsaktivitäten von Rentnerinnen und Rentnern nehmen mit dem Lebensalter zwar insgesamt ab. Daraus kann aber keinesfalls geschlossen werden, daß sich die jüngste RentnerInnengruppe durch die höchste (Neben-)Erwerbsquote auszeichnet. Es zeigt sich vielmehr „eine gewisse Spitze der Aktivitäten ... in der Altersklasse 66 bis 69" (S. 108). PISCHNER/WAGNER vermuten, daß sich in dieser Altersgruppe der Wegfall der Hinzuverdienstgrenzen entscheidend auf die Erwerbsneigung auswirkt. Die hohe Aktivitätsrate der über 65jährigen RentnerInnen ist ihrer Ansicht darüberhinaus damit zu erklären, daß viele Selbständige in diesem Alter ihre – kleine – Rente beantragen, als Selbständige jedoch noch weiter arbeiten (S. 111).

Schließlich weisen PISCHNER/WAGNER im SOEP-Datensatz nach, daß Nebenerwerbstätigkeiten im Alter „überwiegend eine Sache von Männern" sind (S. 109). Die obige These von der Aktivitätsspitze im mittleren Rentenalter scheint insofern relativierungsbedürftig, als die Autoren für jene Gruppe der Männer Erwerbsaktivitäten von weit über 10% im *jüngeren* Rentenalter nachweisen. Unklar bleibt, ob sich diese Aussage möglicherweise auf Empfänger von Erwerbs- bzw. Berufsunfähigkeitsrenten bezieht. PISCHNER/WAGNER räumen allerdings ein, daß sich die statistische Analyse der Erwerbsverläufe von Rentnern schwierig gestaltet, da die Erwerbsaktivitäten im Alter häufig durch kürzere Nicht-Erwerbsphasen unterbrochen werden (S. 110). Je nach Erhebungszeitpunkt kann die Zahl der aktuell erwerbstätigen RentnerInnen erheblich schwanken.

Deutungsmuster „Rentnerjob"

Die bisher umfassendste empirische und theoretische Aufarbeitung des Themas RentnerInnenarbeit findet sich bei KOHLI ET AL. (1992 und 1993). In einem mehrjährigen, DFG-geförderten Forschungsprojekt spürte das Berliner

Team um Martin KOHLI und Hans-Jürgen FRETER verschiedenen Tätigkeitsformen im Ruhestand nach. Zunächst wurden in qualitativen Fallstudien fünf außerfamiliäre Aktivitätsbereiche von männlichen Ruheständlern eingehend exploriert, darunter organisierte Hobby-Tätigkeiten, selbstorganisierte politische Interessenvertretungen von Senioren, ehrenamtliche Tätigkeiten im sozialen Bereich, selbständige Erwerbsarbeit sowie Teilzeitarbeit im Ruhestand. In der zweiten Projektphase wurde diese Untersuchung durch eine Repräsentativbefragung von 1.783 Einwohnern[9] des Berliner Bezirks Tempelhof, die zwischen dem 1.1.1920 und dem 31.12.1929 geboren wurden und die deutsche Staatsangehörigkeit besitzen, erweitert. Aus dem Rücklauf konnten schließlich InterviewpartnerInnen gewonnen werden, um drei weitere qualitative Fallstudien zu realisieren. Diese konzentrierten sich auf Frauen im sozialen Ehrenamt, pflegende Männer und Frauen sowie Teilzeitarbeitnehmerinnen. In einem qualitativen Längsschnitt wurden abschließend die bereits 1986 interviewten 49 Männer 1990 noch ein zweites Mal zu Kontinuitäten und Brüchen ihrer nachberuflichen Aktivitäten befragt.

Aus dem umfangreichen Material sollen an dieser Stelle nur die Befunde aus den beiden Fallstudien der männlichen und weiblichen Teilzeitbeschäftigten kurz skizziert werden. Dabei handelt es sich zum einen um neun Männer, die mit der Verrentung ihre frühere Berufstätigkeit aufgegeben haben und nun im Ruhestand als Museumswärter für einen Wachdienst erwerbstätig geworden sind. Zum anderen wurden fünf Frauen interviewt, die nach recht unterschiedlichen Erwerbs- und Familienbiographien im Ruhestandsalter ihre kaufmännischen Tätigkeiten in modifzierter Form[10] fortführen.

Für die befragten Männer bedeutet der Übergang von der Vollzeiterwerbstätigkeit in den Ruhestand zunächst eine Zäsur in ihrer Biographie. Die Erfahrung dieses Kontinuitätsbruchs führt bei ihnen zu einer Neuorientierung und der Idee, noch einmal eine Erwerbstätigkeit aufzunehmen. Die Tätigkeit eines Aufsehers, die alle Befragten als freie Mitarbeiter einer Wachfirma aufnehmen, bleibt zunächst weit hinter den qualifikatorischen Voraussetzungen, die mit der früheren Berufstätigkeit verbunden waren, zurück. Die befragten Männern arrangieren sich jedoch mit Beschäftigungsverhältnissen mit extremer Arbeitszeitvariabilität, geringer Bezahlung und eher monotonen Aufgabenzuschnitten, da sie diese Tätigkeit klar von ihrer früheren Berufsrolle trennen. Die Normalbiographie mit der Dreiteilung des Lebenslaufs behält für die Rentner ihre normative Bedeutung und bildet den Rahmen für das Deutungsmuster „Rentnerjob“: Die Rentner betrachten es als ein besonderes Privileg, nach erfülltem Arbeitsleben und guter materieller Ausstattung im Ruhestand die Freiheit zu besitzen, über Umfang und Ausmaß einer Er-

9 Die Brutto-Stichprobe belief sich auf 3.000 Personen. Bei einem Rücklauf von 68% und nach Ausschluß von zufällig befragten Ehepaaren verblieben netto schließlich 1.783 Befragte.

10 Modifikationen vorrangig durch Arbeitszeitreduktion, aber auch durch Arbeitgeberwechsel.

werbstätigkeit ohne sozialen Druck entscheiden zu *können*. Als gut situierte Rentner können sie es sich leisten, eine minderqualifizierte und minderbezahlte Tätigkeit aufzunehmen. An die Stelle der Arbeitsinhalte und monetären Vergütung rücken vielmehr andere vergesellschaftende Dimensionen von Erwerbsarbeit, etwa das Gefühl, gebraucht zu werden, noch eine Pflicht zu haben und neue soziale Kontakte knüpfen zu können. „Der ‚Lohnarbeiterbezug' tritt also klar hinter den ‚Subjektbezug' der Arbeit zurück." (KOHLI ET AL. 1992, S. 9). Gegenüber den in der Wachfirma regulär erwerbstätigen, jüngeren Kollegen, die einer Erwerbsarbeit nachgehen *müssen*, bilden die Rentner ganz bewußt eine Kontrastgruppe mit geradezu komplementären Arbeitsorientierungen. Diese scheinen sie aus Sicht der Unternehmen für derartige Dienstleistungstätigkeiten zu prädestinieren.

Die Erwerbstätigkeit der befragten Frauen setzt sich dagegen deutlich ab. Alle können ihre bereits in der Erwerbsphase erworbenen Berufsqualifikationen für die Tätigkeit im Ruhestand nutzen, einen Kontinuitätsbruch zwischen Erwerbs- und Ruhestandsphase erleben sie im Gegensatz zu den Männern nicht. Die Frauen betonen die inhaltlichen und interaktiven Aspekte der Tätigkeiten und beziehen hieraus ihre subjektiven Sinndimensionen. Die Frauen erfahren auch aus ihrem sozialen Umfeld überwiegend Zustimmung und Bestätigung für ihre Entscheidung, noch einmal erwerbstätig zu werden. Da die normalbiographischen Erwartungen an eine Trennung von Erwerbsarbeit und Ruhestand bei älteren Frauen offenbar nicht wirksam werden (KOHLI ET AL. 1992, S. 401), stehen die Teilzeitarbeitnehmerinnen anders als die Gruppe der befragten Männer nicht unter dem Druck, eine harmonisierende Interpretation ihres individuellen Lebensstils – etwa in Form einer Kollektividentität oder eines intersubjektiv geteilten Deutungsmusters – vornehmen zu müssen.

Parallelen zwischen den erwerbstätigen Männern und Frauen zeigen sich allenfalls in der Lebenslage. Die „Vergütung (ist) zwar ein willkommener Zuverdienst, doch alle leben in guten bis sehr guten materiellen Verhältnissen" (KOHLI ET AL. 1992, S. 400).

Teilrente und Teilzeitarbeit

Da bisher eine „primärstatistische Bestandsaufnahme der Ziele, Voraussetzungen und Motive älterer Menschen hinsichtlich nachberuflicher Tätigkeit" (WARNKEN 1993, S. 5) fehlt, hat das Bundesministerium für Arbeit und Sozialordnung das EMNID-Institut beauftragt, in der Altersgruppe der 50- bis 70jährigen Art und Verbreitung nachberuflicher Tätigkeiten sowie die Akzeptanz eines gleitenden Ausstiegs aus dem Erwerbsleben zu erfragen. Zu diesem Zweck wurden im Herbst 1992 2.611 Personen in den alten und neuen Bundesländern mündlich interviewt. Erwerbspersonen[11] und Nicht-Erwerbspersonen erhielten getrennte Fragebögen mit jedoch weitgehend identischen Fragen.

Sowohl die noch regulär Erwerbstätigen wie auch die „Normal"-RentnerInnen zeichnen sich durch eine positive allgemeine Haltung zur Erwerbsarbeit im Rentenalter aus. 51% bzw. 48% finden eine nachberufliche Erwerbstätigkeit „eher gut" (WARNKEN 1993, S. 6). In der Gruppe der Erwerbstätigen befürworten zum einen AbsolventInnen höherer Schulen, zum anderen Personen mit Niedrigeinkommen RentnerInnenarbeit tendenziell stärker als der Durchschnitt. Unter den RentnerInnen sprechen sich am häufigsten Befragte mit mittlerem Schulabschluß und mittlerem Einkommen für erwerbsmäßige, nachberufliche Aktivitäten aus. Befragt, welche Gründe sie für die Aufnahme einer Erwerbsarbeit im Ruhestandsalter akzeptieren könnten, geben die RentnerInnen wie folgt an: 79% „Geld reicht nicht aus", 65% „Etwas sinnvolles tun", 62% „Kontakte halten", 58% „Körperlich und geistig fit bleiben", 52% „Nicht zum alten Eisen gehören", 45% „Erfahrungen weitergeben". Diese allgemeinen Einstellungen dürfen jedoch nicht mit den tatsächlichen Erwerbswünschen von Rentnerinnen und Rentnern bzw. mit den Motiven bereits erwerbstätiger RuheständlerInnen verwechselt werden. Die in den Interviews abgefragten Erwerbswünsche der RentnerInnen sind in den bislang zugänglichen Veröffentlichungen leider nicht dokumentiert, bereits ausgeübte Erwerbstätigkeiten nach der Verrentung wurden nicht erfragt.

Das Schwergewicht der zur Verfügung stehenden Auswertungen liegt auf der Einschätzung des gleitenden Übergangs in den Ruhestand seitens der regulär Erwerbstätigen (vgl. EMNID 1993). Nur 14% aller noch Erwerbstätigen äußern konkrete Pläne im Hinblick auf eine Erwerbsarbeit nach der bevorstehenden Verrentung (WARNKEN 1993, S. 7). Unter den folgenden Bedingungen, die für die Wiederaufnahme einer Erwerbsarbeit erfüllt sein sollten, nennen 78% der Befragten in den alten Bundesländern finanzielle Attraktivität, 74% verantwortungsvolle Tätigkeit, 41% selbständige Tätigkeit und 29% einen neuen Arbeitsbereich (EMNID 1993, S. 23).[12] Nach WARNKEN „bringen die Ergebnisse deutlich zum Ausdruck, daß Männer sowohl in ihren Überlegungen hinsichtlich der Art ihrer nachberuflichen Erwerbstätigkeit, als auch hinsichtlich konkreter Schritte auf die angestrebte Tätigkeit weiter sind als Frauen." (1993, S. 8)

Nur 37% der von EMNID befragten westdeutschen Erwerbstätigen haben sich bisher über die Möglichkeiten der Teilrente informiert. 87% geben an, im eigenen Betrieb keinen Teilrentner zu kennen, 85% kennen auch in anderen Betrieben niemanden, der diese Form der Altersteilzeitarbeit praktiziert

11 Die Gruppe der Erwerbspersonen umfaßt nach dem traditionellen Verfahren der Sozialstatistik damit sowohl reguläre „NormalarbeitnehmerInnen" wie auch – eventuell nur geringfügig – beschäftigte RentnerInnen.

12 Mehrfachnennungen möglich.

(EMNID 1993, S. 27 u. 29). Die mit dem Rentenreformgesetz 1992 geschaffenen neuen Möglichkeiten des Teilrentenbezuges bei gleichzeitiger Teilzeitarbeit werden offenbar nur vereinzelt realisiert. Dabei erweisen sich nicht zuletzt die Betriebe eher zurückhaltend gegenüber dieser gesetzgeberischen Maßnahme. Da es „im Hinblick auf die betriebliche Bewertung von Modellen der nachberuflichen Beschäftigung ehemaliger Erwerbstätiger und des gleitenden Übergangs in den Ruhestand an harten empirischen Informationen" (WARNKEN 1993, S. 10) fehlt, hat das Bundesministerium für Arbeit und Sozialordnung mittlerweile eine Folgestudie bei PROGNOS in Auftrag gegeben.

Erwerbstätigkeit im Alter in der „Berliner Altersstudie"

Bei einer von WAGNER ET AL. im Rahmen der „Berliner Altersstudie" durchgeführten Untersuchung der wirtschaftlichen Lage und des wirtschaftlichen Handelns alter Menschen wurde bei den 70jährigen und älteren Westberlinern eine Erwerbsquote von ca. 3% festgestellt, wobei es sich ungefähr zu gleichen Teilen um Vollzeit- und Teilzeiterwerbstätigkeiten handelt (1996, S. 285). Dabei gibt es bei den über 85jährigen praktisch keine Erwerbstätigen mehr, während bei den unter 85jährigen die Erwerbsquote bei 4% liegt. Offensichtlich erhöht sich die Zahl der erwerbstätigen RentnerInnen in den jüngeren Jahrgängen der Altersruhegeldbezieher, so daß eine entsprechend höhere Quote bei den 65 bis 70jährigen zu erwarten ist. In die Studie waren außerdem die in Wohn- und Pflegeheimen lebenden Alten einbezogen, so daß auch hieraus die im Vergleich zu unseren Ergebnissen niedrige Erwerbstätigenquote erklärbar wird. Ohne hierfür genaueres Datenmaterial vorzulegen, wird in der Studie vermutet, daß „Erwerbstätigkeit im hohen Lebensalter kumulativ zu überdurchschnittlichen Transfer- und Vermögenseinkommen hinzukommt und durch eine überdurchschnittliche Humankapitalausstattung bedingt ist" (WAGNER ET AL. 1996, S. 285).

1.2 RentnerInnenarbeit als bislang unterbelichtetes Phänomen der Arbeitsgesellschaft

Bei der Einschätzung der Erwerbstätigkeit von Rentnerinnen und Rentnern bestehen, wie oben dargestellt, bereits hinsichtlich des quantitativen Ausmaßes Differenzen. Die Beschäftigtenstatistik des Statistischen Bundesamtes weist die Kopplung von Erwerbs- und Renteneinkommen bislang nicht aus, sondern gewichtet jede Form der Erwerbstätigkeit unabhängig von ihrem zeitlichen Umfang und ihrem Beitrag zum Haushaltseinkommen gleich. Daher bleibt die Bestimmung einer RentnerInnen-Erwerbsquote eine Angelegenheit akademischer Forschung. Während SCHUMACHER (1988) in seiner empirischen Untersuchung beispielsweise 8% erwerbstätige Rentnerinnen und Rentner nachweist, stoßen PISCHNER/WAGNER (1992) auf eine Aktivitätsquote von 5,2% bzw. 3% (WAGNER ET AL. 1996) und HELBERGER/SCHWARZE (1986) nur auf 3,8% nebenerwerbstätige RentnerInnen. Unzweifelhaft lassen sich diese Abweichungen als Folge divergierender Erhebungszeiträume, Stichprobenzuschnitte, Meßinstrumente und Repräsentativitätskriterien erklären. Sie machen aber vor allem deutlich, daß sich das Phänomen RentnerInnenarbeit auf keine verbindliche statistische Größe eingrenzen läßt. Vielmehr scheinen die vermuteten strukturellen Besonderheiten der RentnerInnenarbeit von einer Qualität zu sein, die den empirischen Nachweis dieser Beschäftigungsverhältnisse gerade so schwer macht. So räumen PISCHNER/WAGNER im Rahmen ihrer Erhebung bereits ein, daß die statistische Analyse der Erwerbsverläufe von Rentnerinnen und Rentnern sehr schwierig sei, da die Erwerbsaktivitäten im Alter häufig für kürzere Zeit unterbrochen werden (1992, S. 110).

Quantifizierungen des Ausmaßes von RentnerInnenarbeit sind also mit Vorsicht zu genießen. Sie bestätigen zwar unfraglich die Vermutung, daß es überhaupt erwerbstätige Rentnerinnen und Rentner gibt. Der Anteil dieser Personengruppe an der Gesamtgruppe der AltersrentnerInnen kann jedoch nur als variable Größe in einem Intervall angegeben werden. Legt man die Prozentsätze VON WAGNER ET AL. (1996) einerseits, von SCHUMACHER (1988) andererseits als Extremwerte zugrunde, so kann vermutet werden, daß 3% bis 8% aller AltersrentnerInnen erwerbstätig sind. Besonders hoch scheinen die RentnerInnen-Erwerbsquoten dabei in der Gruppe der 66- bis 69jährigen zu liegen. Dies ist laut PISCHNER/WAGNER (1992) zum einen mit dem Wegfall der Hinzuverdienstgrenze zu erklären, zum anderen ist die hohe Aktivitätsrate der über 65jährigen RentnerInnen auf die Gruppe der Selbständigen zurückzuführen, die neben ihrer Rente erwerbstätig bleiben. Anders als abhängig Beschäftigte, die in der Regel per Arbeitsvertrag zur Beendigung des Beschäftigungsverhältnisses mit Erreichen des gesetzlichen Rentenzugangsalters verpflichtet werden, müssen Selbständige ihre Berufstätigkeit nach dem Erreichen des Rentenalters nicht zwangsläufig beenden. Sie können ihre Tätigkeit eigenmächtig so organisieren, daß sie diese auch über die Regelaltersgrenze hinaus ausüben können.

Nach PISCHNER/WAGNER finden sich unter den erwerbstätigen Rentnerinnen und Rentnern aber nicht nur überproportional viele Selbständige, die nach Erreichen der gesetzlichen Altersgrenze eine Rente aus früherer sozialversichungspflichtiger Beschäftigung oder freiwilligen Beitragszahlungen beziehen, gleichwohl aber in ihrem alten Beruf erwerbstätig bleiben. Vielmehr tendieren auch Versicherte, die vor dem Rentenzugang arbeitslos waren, und damit zum Teil erhebliche Beitragsausfälle zur Rentenversicherung in Kauf nehmen müssen, überdurchschnittlich häufig zur Wiederaufnahme einer Erwerbstätigkeit im Rentenalter, um das Haushaltseinkommen aufzubessern (1992, S. 111). Und auch BRÜCKNER/ MAYER (1987, S. 113-114) konstatieren, daß bei den über die Altersgrenze hinweg Erwerbstätigen – vorwiegend männliche Selbständige bzw. Freiberufler oder höhere Angestellte sowie weibliche Kleingewerbetreibende und mithelfende Familienangehörige – der ökonomische Zwang gegenüber beruflicher Befriedigung und Identifikation eindeutig überwiegt. Die Erwerbsarbeit werde von diesen älteren Arbeitskräften als belastend empfunden.

Es ist naheliegend, Altersrentnerinnen und -rentnern mit eher bescheidener materieller Ausstattung ein besonderes Interesse an finanzieller Aufbesserung ihrer Haushaltseinkommen zu unterstellen (vgl. BRÜCKNER/MAYER 1987, PISCHNER/WAGNER 1992, WARNKEN 1993). Ob von den angespannten Haushaltslagen zwangsläufig auf Erwerbswünsche oder gar Erwerbsaktivitäten geschlossen werden kann, darf jedoch bezweifelt werden. Wenn auch generell ein enger Zusammenhang zwischen finanzieller Lage und der Bereitschaft zur Nebenerwerbstätigkeit besteht, wie HELBERGER/SCHWARZE (1986) in ihrer Studie nachweisen konnten, so gilt diese Aussage im speziellen Kontext von Erwerbstätigkeit im Rentenalter gerade nicht. Es sind nicht allein die im Vergleich zum Ausmaß jobbender SchülerInnen und StudentInnen deutlich geringeren Nebenerwerbstätigkeitsquoten der AltersrentnerInnen, die gegen einen ausschließlich ökonomischen Begründungszusammenhang sprechen. Vielmehr konnten KOHLI ET AL. (1992 und 1993) nachweisen, daß es eine Gruppe von RentnerInnen gibt, die in guten bis sehr guten materiellen Verhältnissen lebt und *trotzdem* im Ruhestand noch einmal erwerbstätig wurde. Sowohl Lebenslage als auch subjektive Selbstdeutung dieser TeilzeitarbeitnehmerInnen widerlegen einen kausalen Zusammenhang zwischen monetären Ressourcen und Erwerbsaktivitäten. Diese älteren Menschen sind vielmehr auf der Suche nach sozialen Kontakten und sinnvollen Aufgaben im Alter. Sie rekurrieren keinesfalls zufällig auf das Erwerbssystem, sondern entscheiden sich ganz bewußt für Erwerbsarbeit als das – in der Arbeitsgesellschaft normativ überhöhte – gesellschaftliche Medium von Selbst- und Fremdpositionierung. Daß sie im Zuge ihrer außerfamilialen Aktivitäten eine Ware Arbeitskraft gegen das Universalmedium Geld tauschen, interessiert sie dabei eher am Rande.

KOHLI ET AL. (1992 und 1993) plädieren darauf, den vorangegangenen Erwerbsbiographien besondere Bedeutung bei der Erklärung der Motive zur Aufnahme einer Erwerbstätigkeit im Ruhestandsalter beizumessen. Schließlich liegt es nahe, bestimmten Beschäftigtengruppen ein durchaus nachvollziehbares Interesse an einer verlängerten Lebensarbeitszeit zuzusprechen. Für Selbständige, FreiberuflerInnen und hochqualifizierte Angestellte bedeutet die Weiterarbeit in ihrem Beruf eine maßgebliche Quelle der Selbstbestätigung. Niedrigqualifizierten Geringverdienenden bleibt oft kaum eine andere Wahl, als das Familieneinkommen durch kontinuierliche Erwerbstätigkeit bis weit ins Ruhestandsalter hinein aufzubessern.

Die von KOHLI ET AL. (1992 und 1993) untersuchte Form der Erwerbstätigkeit von Rentnern stellt jedoch „nicht einfach eine Fortsetzung der Erwerbsphase" (FRETER ET AL. 1988, S. 48) dar, sondern ist Ausdruck einer gezielten Neuorientierung auf sinnstiftende Aktivitäten im Alter. Voraussetzung für die Erschließung der subjektiven Sinndimension des objektiv eher eintönigen Rentnerjobs[13] ist gerade der Kontinuitätsbruch zwischen früherer Berufstätigkeit und aktueller Altersarbeit. „Vor dem Hintergrund eines relativ erfolgreichen Erwerbslebens" (KOHLI 1989a, S. 52), das mit dem Eintritt in den Ruhestand abgeschlossen ist, stellt sich das Erwerbssystem anders dar als im jüngeren Erwachsenenalter: Fähigkeiten brauchen nicht mehr unter Beweis gestellt zu werden, Ansprüche an Status und Qualifikation treten zurück und restriktive Aspekte der Tätigkeit können leichter ertragen werden, weil Arbeit im Alter ihren Zwangscharakter verloren hat. Unter Rückgriff auf die biographische Gewißheit der erfolgreich abgeschlossenen, regulären Erwerbsphase können erwerbsförmige Aktivitäten im Alter nun solche Subjektbezüge vermitteln, die den Tätigkeiten im Rahmen sogenannter Normalarbeitsverhältnisse wohl eher weniger anhaften würden. Von einer Kontinuität der *Erwerbs*biographie kann mit Blick auf die interviewten Teilzeitarbeitnehmer also nicht die Rede sein.

Es scheint folglich wichtig zu sein, die persönlichen Motive zur *Weiterarbeit* im Ruhestand – gleichsam als Verlängerung der Berufsarbeit – von denen der *Neuaufnahme* einer Erwerbsarbeit als Folge einer Neuorientierung im Alter zu trennen. Der Zusammenhang zwischen Erwerbsbiographie und RentnerInnenarbeit sollte unseres Erachtens somit nicht auf eine einfache Kausalität reduziert werden. Mehr denn als unabhängige Variable im statistischen Sinne kommt der Biographie ihre Bedeutung im wesentlichen als Interpretationsressource für subjektive Entscheidungen im fortgeschrittenen Erwachsenenalter zu. Dabei dürfte sowohl auf biographische Kontinuitäten als auch auf Brüche zu treffen sein.

Vergleichbare Gegenläufigkeiten sind auf der Ebene gesundheitlicher Faktoren zu erwarten. Es ist unmittelbar einsichtig, daß der Gesundheitszustand der erwerbstätigen RentnerInnen immerhin so gut sein muß, daß ihnen eine Erwerbstätigkeit überhaupt möglich ist. Ob aber eine generelle Aussage zum Zusammenhang zwischen Gesundheit und Erwerbstätigkeit im Alter angesichts der bereits ausgeführten Vielschichtigkeit der Motive der RentnerInnen plausibel ist, darf bezweifelt werden. RentnerInnen, für die eine Erwerbstätigkeit eine Möglichkeit zur Bewältigung finanzieller Notlagen bedeutet, werden bestehende gesundheitliche Beeinträchtigungen – möglicherweise nicht zuletzt Folge stark belastender Berufstätigkeiten – zwangsläufig in Kauf nehmen müssen. „Junge Alte", die sich gerade auch durch ihren

13 Das oben beschriebene Deutungsmuster „Rentnerjob" (vgl. S. 25 dieses Berichts) gilt ausdrücklich nur für die männlichen Teilzeitarbeitnehmer.

überdurchschnittlichen Gesundheitszustand auszeichnen, können auf der Suche nach sinnerfüllten Aktivitäten genauso gut auf Ehrenämter, politisches Engagement, Hobbytätigkeiten und familiale Aufgaben wie auf Erwerbsarbeit stoßen. RentnerInnen, die für sich die Phase der Erwerbstätigkeit schon längst abgeschlossen haben, werden hingegen ihre gesundheitliche Situation als legitimen Grund gegen Erwerbsarbeit betrachten.

Äußerst umstritten stellt sich das Phänomen RentnerInnenarbeit bislang auch aus der Geschlechtsperspektive dar. Ist Nebenerwerbstätigkeit im Alter überwiegend eine Sache von Männern, wie PISCHNER/WAGNER herausgefunden haben (1992, S. 109), oder bestehen gerade keine nennenswerten Geschlechtsunterschiede bei den Nebenerwerbstätigen (HELBERGER/SCHWARZE 1986)? Es ist zumindest nicht unwahrscheinlich, daß die traditionelle Geschlechtsspezifik der Lebensläufe und Erwerbsbiographien auch auf die Neigung zur Alterserwerbstätigkeit durchschlägt.

Die Lebensläufe älterer Männer lassen sich normalerweise trotz aller kohortenspezifischen Benachteiligungen und häufig niedriger formaler Eingangsqualifikationen durch eine im Grunde lineare berufliche Aufstiegsdynamik charakterisieren (BRÜCKNER/MAYER 1987, S. 111), die erst mit dem Übergang in den Ruhestand abrupt abbricht. Männlichen Biographien ist die Tendenz zur weitgehenden Entkoppelung von familiären Ereignissen und beruflichem Werdegang gemeinsam. Die Lebensläufe gleichaltriger Frauen sind dagegen durch vielfache Wechsel zwischen Erwerbs- und Familienarbeit, geringe berufliche Aufstiegsmobilität, sowie durch geringere Einkommen, letztlich durch finanzielle Abhängigkeit vom Ehemann gekennzeichnet (HEINEMANN-KNOCH 1989, S. 70). Wie KRÜGER/BORN am Beispiel von Frauen der Geburtskohorte 1929-1931 nachweisen, ist die Suche nach Regelmäßigkeiten in den Sequenzen von Erwerbs- und Familienarbeit recht müßig, die „Normalitätsunterstellung" der heirats- und kindbedingten „Phasierung des Erwerbsarbeitsverlauf" schlicht falsch (1991, S. 146). Geschlechtsspezifische Unterschiede manifestieren sich schließlich auch bei der Wahl des Zeitpunktes zum Ausscheiden aus dem Erwerbsleben: Für Männer ist die Bedeutung der Erwerbsbiographie wesentlich größer als die des Haushaltskontextes, bei Frauen dagegen entscheidet der familiäre Zusammenhang das „timing" des Rentenzugangs. Der Zeitpunkt des Austritts aus dem Erwerbsleben wird bei Frauen weitgehend durch Alter, Einkommen und Erwerbstätigkeit des Ehemannes vorgegeben (ALLMENDINGER 1990, S. 283 f.).

Schlagen die qualitativen Differenzen zwischen den Erwerbsverläufen von Männern und Frauen folglich auf die quantitative Zusammensetzung der Erwerbstätigen im Rentenalter durch? Je nachdem, ob das Ruhestandsalter unter dem theoretischen Vorzeichen der biographischen Kontinuität oder des Neubeginns beleuchtet wird, ergeben sich unterschiedliche Mutmaßungen zum Phänomen RentnerInnenarbeit. Man könnte einerseits annehmen, daß Altersarbeit als Verlängerung der Erwerbsphase in den Ruhestand hinein vorrangig von Männern angestrebt wird, Frauen sich hingegen weiterhin auf familiäre und soziale Aufgaben konzentrieren. Andererseits erscheint es nicht weniger plausibel, männlichen Ruheständlern ein besonderes Bedürfnis nach Kompensation erfahrener Entbehrungen durch Berufsarbeit in nicht erwerbsmäßig organisierten Lebensbereichen, den im Alter von familialen Aufgaben entlasteten Frauen dagegen eine Neigung zum verspäteten beruflichen Comeback zu unterstellen. Sollten sich entgegen der These von PISCHNER/WAGNER (1992) doch in nicht unerheblichem Umfang erwerbstätige Rentnerinnen finden lassen, so reizt der Versuch, geschlechtsdifferenzierende Erklärungsmuster[14] in einen integralen Theoriezusammenhang zu bringen.

Bekanntlich wünscht sich eine Vielzahl von Ehepaaren, möglichst gleichzeitig in Rente zu gehen (PISCHNER/WAGNER 1992, S. 99). Insbesondere erwerbstätige Frauen sind in hohem Maße bereit, bei der Wahl des eigenen Verrentungszeitpunkts auf die familiäre Situation Rücksicht zu nehmen und die zeitlichen Vorgaben des Ehepartners in die eigene Planung miteinzubeziehen. Der synchronisierte Übergang in den Ruhestand eröffnet beiden Partnern die Chance zu einer gemeinsamen Umgestaltung des Alltags. Liegen die Übergänge in den Ruhestand für beide Partner zeitlich weit auseinander, so können zwei voneinander stark abweichende Geschlechtsrollen-Muster angenommen werden (ALLMENDINGER 1990, S. 298); Paare, bei denen die Frau bereits viele Jahre vor dem Mann endgültig aus dem Erwerbsleben ausgeschieden ist, weisen einen hohen Grad der Rollendifferenzierung auf, der auch mit Beginn des gemeinsamen Ruhestandes kaum mehr reversibel erscheint. Geht der Mann hingegen deutlich vor der Frau in den Ruhestand, so entsteht zwischen beiden Partnern, möglicherweise begünstigt durch einen größeren Altersabstand, eine hohe Statuskompatibilität.

Es wird nicht von der Hand zu weisen sein, daß sich erwerbstätige Rentnerinnen und Rentner, sofern sie in Paarbeziehungen leben, eher von der absoluten Vorstellung eines ausschließlich gemeinsam zu verbringenden Ruhestandes distanzieren. Schließlich zählt der häufig vorgetragene Wunsch nach sozialen Kontakten zu *den* Gründen für Erwerbsarbeit, die in gewisser Weise familiale Kontexte als begrenzte soziale Bezugs- und Erlebnisräume kritisieren. Für die geschlechtsspezifisch traditionell organisierten Paarbeziehungen ist anzunehmen, daß die Entscheidung für Altersarbeit überwiegend von den Männern autonom getroffen wurde. Die Chancen dieser Frauen, sich gegen den Willen der Ehemänner – sei es, daß er nicht erwerbstätig werden soll oder sie noch einmal arbeiten möchte – durchzusetzen, dürften bei solchen langjährig eingeübten Paarkonstellationen eher gering sein. Verrentete Ehemänner berufstätiger Frauen werden hingegen auf weniger Widerstand stoßen, wenn sie ihr Ruheständlerdasein mit Erwerbsarbeit anreichern. Entsprechende Durchsetzungsvorteile sind bei den Ehefrauen zu mutmaßen, die

14 So zu finden bei KOHLI ET AL. (1992 und 1993)

mit ihrem früh verrenteten Ehepartner bereits die (tendenzielle) Umkehrung der geschlechtsspezifischen Arbeitsteilung eingeübt haben. Eine Weiterarbeit über den offiziellen Verrentungszeitpunkt hinaus stellt die Paarbeziehung vor keine grundlegend neue Situation.

In die Entscheidung, im Alter noch einmal erwerbstätig zu werden, spielen unzweifelhaft soziale Beziehungen hinein. Letztlich scheint es eine persönliche Abwägung zwischen den verschiedenen Bezugspersonen in häuslichen und außerhäuslichen Bereichen zu bleiben, ob nachberufliche Tätigkeiten eher in außerberuflichen oder eher in erwerbsförmig organisierten sozialen Kontexten gesucht werden. Die Bedeutung nachberuflicher Erwerbstätigkeit liegt für die Betroffenen vermutlich am stärksten in solchen Aspekten, die dem Erwerbssystem genuin nicht eigen sind, sondern die erst durch die lebensweltlichen Bezüge der Beschäftigten und die mit dem Arbeitsprozeß verbundenen *Interaktions*dimensionen herangetragen werden. Dazu zählen die Möglichkeit zu sinnvoller und sozial anerkannter Tätigkeit, die zeitliche Strukturierung des Alltags, die Aufnahme bzw. der Erhalt von Sozialkontakten außerhalb der Familie, der Beweis eigener noch vorhandener Leistungsfähigkeit sowie die Erhaltung von Kompetenz und Selbständigkeit im Alter. Ob es sich bei den erwerbstätigen RentnerInnen um „Repräsentanten eines traditionellen, mehr und mehr verschwindenden Altersverlaufs" handelt, oder diesen jungen Alten eine Modellfunktion für mögliche zukünftige Entwicklungen im Bereich von Arbeit zukommt (KOHLI 1989a, S. 52), muß sich erst herausstellen. Gewiß sind hier keine einfachen Antworten zu erwarten.

Die ausgeübten Tätigkeiten werden maßgeblich im Bereich von Dienstleistungsarbeit vermutet. Angesichts der weitreichenden sektoralen Verschiebungen im Beschäftigungssystem zugunsten des tertiären Sektors und der Tendenz zur definitorischen Umwidmung von gewerblichen Berufen zu Dienstleistungstätigkeiten (KERN/SCHUMANN 1984), beschreibt diese These das tatsächliche Spektrum nachberuflicher, erwerbsförmiger Tätigkeiten allerdings nur sehr grob. Die Breite der Arbeitsinhalte und Einsatzformen von Rentnerinnen und Rentnern ist bislang empirisch weitgehend unbekannt. Entgegen den in den bisher vorliegenden empirischen Untersuchungen vertretenen Positionen rechnen wir mit einer ungeheuren Vielfalt der ausgeübten Tätigkeiten, einer großen Spannbreite der Wirtschaftsbereiche sowie erheblichen Differenzen auf der Ebene der rechtlichen, sozialen und materiellen Regulierungen der RentnerInnen-Beschäftigungsverhältnisse.

Über die persönlichen Motive und biographischen Dimensionen hinaus interessiert uns daher, welche quantitative Verbreitung das Phänomen RentnerInnenarbeit auf der betrieblichen Ebene erfährt. Sind Unternehmen, die Altersrentnerinnen und -rentner rekrutieren, ein seltenes personalstrategisches Kuriosum? Ist RentnerInnenarbeit also ein eher marginales Thema im Ensemble arbeitssoziologisch relevanter Forschungsfragen? Oder ist dieses Phänomen möglicherweise weiter verbreitet, als es die dünne Forschungslage und spärliche statistische Informationen über Nebenerwerbstätigkeiten im Ruhestandsalter suggerieren? Wir wollen ferner wissen, ob sich in einem Branchenvergleich die Annahme bestätigen läßt, daß RentnerInnenarbeit vorrangig in Dienstleistungsbetrieben praktiziert wird, oder ob die Beschäftigung von RuheständlerInnen möglicherweise eher für ganz andere Branchen charakteristisch ist. In diesem Zusammenhang erhoffen wir uns zugleich Aussagen über die typische Betriebsgröße von RentnerInnen-Arbeitgebern.

Die Grenzen zwischen Erwerbstätigkeiten und Ehrenämtern werden unseres Erachtens im wesentlichen durch die spezifischen Organisationstypen der jeweiligen, RentnerInnen beschäftigenden Unternehmen abgesteckt. Gerade sogenannten Non-Profit- oder „intermediären Organisationen" (vgl. EVERS 1990; BACKHAUS-MAUL/OLK 1992) als Arbeitgebern steht eine Definitionsmacht bei der Gestaltung von Beschäftigungsverhältnissen zur Verfügung[15], die sich spezifische Motivationsstrukturen der MitarbeiterInnen zu eigen macht und sich letztlich auch in den Selbstbildern der Organisationsmitglieder wiederfinden läßt. Die qualitativen Differenzen der Tätigkeitsprofile von erwerbsförmigen und ehrenamtlichen Tätigkeiten sind dagegen vermutlich eher gering. Hinsichtlich der Monetarisierung von sozialen Dienstleistungen macht sich ohnehin ein Trend zur „neuen Ehrenamtlichkeit" breit, der durch „geringfügige Bezahlung und damit Grenzüberschreitung hin zu ungeschützter, schlecht bezahlter Erwerbsarbeit" gekennzeichnet ist (BACKES 1991, S. 92). Die Abkehr von der völligen Unentgeltlichkeit rückt das soziale Ehrenamt, traditionell eine Domäne älterer Frauen, in den Bereich der „Billiglohnarbeit" oder „Ersatz-Erwerbsarbeit" (BACKES, a.a.O.). Hierauf gilt es im Rahmen der Untersuchungen von Tätigkeitsformen nachberuflicher Aktivitäten besonders einzugehen.

Während KOHLI ET AL. (1992) im Rahmen ihrer Untersuchung außerfamiliärer Tätigkeiten im Ruhestand im wesentlichen auf solche erwerbstätigen RentnerInnen gestoßen sind, die nach Beendigung ihrer regulären Berufstätigkeit und dem subjektiv so erlebten Übergang in eine Phase des Ruhestandes noch einmal neu erwerbstätig geworden sind, ist aus den Forschungsergebnissen von PISCHNER/WAGNER (1992) bekannt, daß es auch solche erwerbstätigen RentnerInnen gibt, die parallel zum einsetzenden Rentenbezug ihre Erwerbstätigkeit in den vermeintlichen Ruhestand hinein fortsetzen. Damit können zwei Idealtypen der betrieblichen Rekrutierung erwerbstätiger AltersruhegeldbezieherInnen ausgemacht werden. Für Beschäftigte, die ihre Arbeitsbeziehungen mit dem Ende der Erwerbsphase zunächst vollständig aufgegeben haben, und erst nach diesem Kontinuitätsbruch in der Ruhestandsphase in einem *neuen Betrieb* wieder erwerbstätig geworden sind, stellt sich die Frage nach der Struktur und Funktionsweise eines externen Rentne-

15 Tätigkeiten lassen sich hier prinzipiell sowohl als freiwilliges Engagement, Ehrenamt als auch als Erwerbsarbeit klassifizieren und organisieren.

rInnen-Arbeitsmarktes. Eine weitere Gruppe steht dagegen während des Rentenbezuges ihrem *angestammten Betrieb* als Arbeitskräfte zur Verfügung. Das Beschäftigungsverhältnis basiert, auch wenn es zeitreduziert und möglicherweise inhaltlich neu definiert wird, auf einer Kontinuierung der sozialen Bindungen zwischen Beschäftigten und Betriebsleitung. Diese Arbeitsbeziehungen werden sozusagen am externen RentnerInnen-Arbeitsmarkt vorbei abgeschlossen.

Es bietet sich also an, bei der Exploration der betrieblichen Gründe für die Rekrutierung von Rentnerinnen und Rentnern dieses Differenzierungskriterium zu berücksichtigen. Es gilt zu erfragen, welche betrieblichen Vorteile sich durch diese beiden Rekrutierungsformen im einzelnen erzielen lassen, welche Tätigkeitsfelder sich für solche Beschäftigten anbieten und wie diese Arbeitsverhältnisse zeitlich, finanziell und rechtlich geregelt sind. Angesichts des demographischen Wandels, der zu einem stetigen Anwachsen des Anteils älterer Gesellschaftsmitglieder führt, soll zudem der Zusammenhang zwischen altersstrukturellen Verschiebungen im Arbeitskräfteangebot und der Beschäftigung von RentnerInnen exploriert werden. Uns interessiert insbesondere, wie betriebliche EntscheidungsträgerInnen die zu erwartenden Veränderungen des Bevölkerungsaufbaus und damit des Erwerbspersonenpotentials heute einschätzen, welche personalpolitischen Maßnahmen bereits ergriffen oder zumindest anvisiert wurden und wie RentnerInnenarbeit in diesen Kontext integriert ist. Läßt sich RentnerInnenarbeit als Ausdruck einer neuen betrieblichen Wertschätzung älterer Arbeitskräfte begreifen oder gar zu einem Zukunftsmodell von alternativer Lebensarbeitszeitgestaltung weiterentwickeln? Oder profitieren Betriebe, die RentnerInnen beschäftigen, von einer gegenwärtigen Verrentungspraxis, die angesichts der zu erwartenden Altersüberlast nicht mehr lange zu finanzieren sein wird? Damit könnte die betriebliche Nutzung von RentnerInnen schon bald durch erhebliche arbeits- und sozialrechtliche Restriktionen erschwert werden.

Entscheidende sozialpolitische Weichenstellungen hat die Bundestagsmehrheit erst jüngst mit dem Gesetz zur Förderung eines gleitenden Übergangs in den Ruhestand und vor allem dem als „Sparpaket" bekanntgewordenen „Programm für mehr Wachstum und Beschäftigung" vollzogen. Demnach soll zum einen der Wechsel von über 55jährigen Beschäftigten auf subventionierte Teilzeitarbeitsplätze gefördert werden, sofern der Betrieb sich verpflichtet, einen Arbeitslosen einzustellen oder einen Ausgebildeten zu übernehmen. Zum anderen aber wird die Lebensarbeitszeit nun durch eine – im Rentenreformgesetz 1992 bereits beschlossene – vorzeitige Heraufsetzung der Altersgrenzen für Arbeitslose, Frauen und langjährig Versicherte auf die einheitlich Regelaltersgrenze von 65 Jahren verlängert. Eine flexible, vorzeitige Inanspruchnahme von Altersruhegeld von bis zu fünf Jahren ist zwar möglich, muß aber von den RentnerInnen mit dauerhaften Rentenabschlägen von 3,6% pro vorgezogenem Jahr (bzw. 0,3% pro Monat) der Inanspruchnahme „bezahlt“ werden.

In unseren empirischen Untersuchungen, die wir in den Jahren 1992 bis 1994 durchführten, konnten diese neuesten sozialpolitischen Rahmenbedingungen verständlicherweise noch nicht thematisiert werden. Besonderes Augenmerk galt zu dieser Zeit vielmehr den mit dem Rentenreformgesetz 1992 wirksam gewordenen Änderungen, wie etwa der Möglichkeit eines Teilrentenbezuges bei gleichzeitiger Teilzeitbeschäftigung. Sofern sich aus den Einschätzungen unserer GesprächspartnerInnen zur Teilrente insbesondere implizite Rückschlüsse auf die nun neueren rentenrechtlichen Regelungen der Altersteilzeit ziehen lassen, werden wir diese im folgenden benennen. Unser Forschungsinteresse galt gleichwohl nicht primär der sozialpolitischen Dimension von RentnerInnenarbeit.

2 Zum Verständnis betrieblicher Strategien und individueller Lebensläufe

2.1 Das Konzept der betrieblichen Strategien

Zur Beantwortung der Fragen, warum Betriebe AltersruhegeldbezieherInnen beschäftigen und ob der betriebliche Einsatz von RentnerInnen im Zusammenhang mit sich verändernden demographischen Strukturen steht, bietet sich zunächst ein industriesoziologisches Konzept an, das betriebliches Handeln unter Einbezug von Umweltfaktoren zu erfassen sucht.

Der Strategie-Ansatz des Münchener ISF versucht eine Begriffsbildung in diesem Sinne vor dem Hintergrund Marx'scher Gesellschaftstheorie. Ausgangspunkt „ist die Frage nach der Vermittlung zwischen der Struktur des gesellschaftlichen Produktionsprozesses und den konkreten Formen einzelner Produktions- und Arbeitsprozesse" (ALTMANN ET. AL 1978, S. 153). In diesem Zusammenhang stellt der Betrieb eine „Vermittlungsinstanz zwischen einzelkapitalistischem und gesellschaftlichem Produktionsprozeß dar" (ALTMANN ET AL. 1978, S. 159).

Mit Blick auf die permanenten Vermittlungsleistungen zwischen abstrakten Bewegungsgesetzen des Kapitals und konkreten Betriebsstrukturen wird der Betrieb als der Ort, an dem einzelkapitalistische Verwertungsinteressen wirksam werden, gefaßt. „Wir verstehen unter Betrieb – in analytischer Perspektive – die je besonders historisch faßbare Konkretisierung von Strategie, die in verschiedenen institutionellen Formen, in der technisch-organisatorischen Gestalt der Produktionsprozesse, in den hierarchischen und kooperativen Strukturen des Arbeitseinsatzes, aber auch in den Beziehungen zu ihrem strukturellen Umfeld (etwa Märkten, Standorten etc.), das zugleich ihr Objekt und ihre Bedingungen darstellt, ihren Ausdruck findet. Mit dem Begriff Betrieb werden also Bedingungen und Interessen aufeinander bezogen und sowohl in ihrer konkreten Ausprägung, wie in ihren gesellschaftlichen Voraussetzungen und Verknüpfungen gefaßt" (ALTMANN ET AL. 1981, S. 34).

Das Münchner Strategiekonzept geht dabei von der Vorstellung einer relativen Autonomie des Einzelkapitals aus, wobei betriebliche Strategien auf die Beherrschung der inneren und äußeren Verwertungsbedingungen von Einzelkapital abzielen (PRIES 1991, S. 107). Der Begriff der betrieblichen Strategie bezieht sich dabei weniger auf konkrete, subjektive Handlungseinheiten, sondern er muß als Ausdruck der Umsetzung eines gesellschaftlichen Prinzips der Kapitalverwertung in die besonderen Entscheidungsbedingungen einzelkapitalistischer Verwertung angesehen werden (ALTMANN ET AL. 1978, S. 23). Dabei sind die betrieblichen Strategien auf die weitgehend autonome Beeinflussung und Verfügung über alle relevanten internen und externen Bedingungen der Produktion ausgerichtet. Das Ziel ist es, die Umweltbedingungen, die sich dem unmittelbaren Zugriff entziehen, in den Verwertungsprozeß zu transformieren, um sie innerbetrieblich kontrollierbar und steuerbar zu machen (MINSSEN 1992, S. 39). Als zentrale betriebliche Umweltbedingungen gelten staatliche Rahmenbedingungen und Politiken, das Bildungssystem und die Arbeitsmarktstrukturen, das System industrieller Beziehungen, der Technik- sowie der Absatzmarkt. Hinzuzufügen ist, daß unter einer erweiterten Perspektive auch grundlegende sozialstrukturelle Dimensionen strategisch in den Verwertungsprozeß einbezogen werden; d.h. aller Voraussicht nach auch die demographischen Strukturveränderungen. Als umweltabhängige Gebilde bilden Betriebe so unter Bezug auf Umweltanforderungen ihre internen Strukturen aus, die damit als Ergebnis der handelnden Vermittlung von betrieblichen Strategien und externen Rahmenbedingungen anzusehen sind.

Betriebliche Strategien zur Beherrschung der Verwertungsbedingungen stehen somit – wiewohl sie auf weitgehende Autonomie gerichtet sind – immer im Kontext gesamtgesellschaftlicher Zusammenhänge. Einerseits ergeben sich die Interessen eines Betriebs aus seiner Existenz im Rahmen spezifischer gesellschaftlicher Produktionsverhältnisse, andererseits müssen Strategien als betriebliche Handlungsorientierungen so beschaffen sein, daß sie die den Verwertungsbedingungen zugrundeliegenden gesellschaftlichen Produktions- und Reproduktionsverhältnisse aufrechterhalten und ihren Beitrag zur Legitimierung und Stabilisierung dieser Bedingungen leisten. „Der Betrieb versucht dabei, solche gesellschaftlichen Beiträge möglichst gering zu halten und zugleich für die Lösung seiner betrieblichen Probleme zu nutzen.“ (ALTMANN ET AL. 1982) Eine solche Problemlösung ist wiederum als Entwicklung von Strategie anzusehen. Äußere Bedingungen der Märkte, technologische Entwicklungen etc. schlagen nicht unvermittelt auf die abgeforderte Qualifikation im Produktionsprozeß durch, sondern werden vielmehr durch Einflußnahme auf Außenbedingungen und intern v.a. organisatorisch abgefangen bzw. neutralisiert (ALTMANN ET AL. 1978, S. 158).

Mit einem Verständnis von „Betrieb als Strategie“ (Bechtle 1980) und dessen historischer Konkretisierung wird es möglich, die gravierenden Veränderungen im Altersaufbau des Erwerbspersonenpotentials als eine wesentliche gesellschaftliche Rahmenbedingung betrieblichen Handelns zu erfassen. Eine solche Rahmenbedingung gibt dem Betrieb aber keine konkrete Handlungsweise vor, sondern geht als betrieblich wahrgenommenes und unter Verwertungsgesichtspunkten interpretiertes und definiertes Faktum in den Prozess der Transformation externer Gegebenheiten in betriebliches Handeln ein. Für unsere Untersuchung bedeutet das, daß wir diesen strategischen Transformationsprozess in den Unternehmen besonders daraufhin zu betrachten haben, ob und in welcher Weise der demographische Wandel als Handlungsvoraussetzung und als Ressource in den Betrieben erkannt wird. Es muß analysiert werden, welche Rolle er in den strategischen Kalkülen spielt und zu welchen veränderten Formen der Personalplanung und des Personaleinsatzes er führt.

Der gravierende Wandel demographischer Strukturen stellt zumindest mittel- bis langfristig eine erhebliche Veränderung in der Zusammensetzung des Arbeitskraftangebotes dar, die die Betriebe aus mehreren Gründen veranlassen wird, diesem Wandel strategisch zu entsprechen. Zum einen erfordert es die rentable Nutzung von Arbeitskraft, Formen der betrieblichen Arbeitsorganisation zu entwickeln, die den verstärkten Einsatz älterer Arbeitskräfte zulassen, zum anderen wird der legitimatorische Druck auf die Betriebe zunehmen, auch durch veränderte Personaleinsatzkonzepte einen Beitrag zur Lösung der mit der Alterung der Gesellschaft entstehenden sozialpolitischen Probleme zu leisten.

2.2 Lebensläufe zwischen Institutionalisierung und Destandardisierung

Als ein wesentliches Strukturprinzip westlicher Gesellschaften gilt die Institutionalisierung des Lebenslaufs. Die Verzeitlichung des Lebens als eine Entwicklung der Moderne, in der die Bedeutung des Lebenslaufs als soziale Institution zugenommen hat, wird vor allem von KOHLI (1978, 1985, 1989b) beschrieben. Im Gefolge der Entwicklung der Lohnarbeit und der darauf zentrierten sozialen Sicherungs- und Bildungssysteme entstanden Lebenssequenzen, die in einer bestimmten Abfolge aufeinander bezogen sind. Dabei orientiert sich die Verzeitlichung des Lebens am chronologischen Alter, wodurch es zu einem standardisierten Normallebenslauf gekommen ist. Als Ablaufprogramm verschiedener Sequenzen in unterschiedlichen Lebensbereichen bildet dieser institutionalisierte Lebenslauf ein Orientierungsschema bei der individuellen Lebensplanung.

Die Verzeitlichung des Lebens ist ein Bestandteil des Individualisierungsprozesses. Mit der Herauslösung aus vormodernen Bindungen ist die Gestaltung des eigenen Lebens verbunden. Dabei zerbrechen traditionelle Wertvorstellungen und Bindungen, vorgeprägte Handlungsmuster und Institutionen zugunsten individueller Lebensentwürfe. Für den Einzelnen heißt dies, Entscheidungen nach eigener Individuallogik treffen zu können, aber auch zu müssen. Die Verwirklichung eigener Vorstellungen von einem „guten Leben" wird zur Möglichkeit, aber zugleich auch zur Notwendigkeit.

Bei der Konstruktion der eigenen biographischen Identität orientieren sich die Individuen an den Vorgaben des Normallebenslaufs. KOHLI betont, daß es sich hierbei nicht einfach um eine Addition einzelner Lebensbereiche handelt, sondern, daß der Lebenslauf ein eigenständiges Vergesellschaftungsprogramm konstituiert (KOHLI 1992, S. 289). Dieses lebenszeitliche Regelsystem existiert auf zwei unterschiedlichen Ebenen: einerseits bestehen systemisch geordnete Positionssequenzen, die die Individuen durchlaufen müssen bzw. können, andererseits stellen diese „Karrieren" biographische Orientierungsschemata dar, an denen sich die Individuen bei der Lebensplanung orientieren. Anders gesagt, besteht der Lebenslauf aus einer Abfolge standardisierter Ereignisse, bzw. dem Durchlauf durch verschiedene gesellschaftliche Institutionen. Diese bilden die Matrix, vor der sich individuelle Lebensläufe organisieren. Das Leben bleibt eine selbst zu gestaltende Aufgabe, bei deren Bewältigung sich die Individuen jedoch am sequentiellen Ablauf des Normallebenslaufs orientieren.

Der moderne Lebenslauf ist institutionell um das Erwerbssystem organisiert und damit strukturell ein Bestandteil der Arbeitsgesellschaft. Die Determinationskraft des institutionalisierten Lebenslaufregimes als Vergesellschaftungsmoment wird durch die Zentralität der Erwerbsarbeit bedingt. Folgerichtig laufen in Anlehnung an die gesellschaftliche Bedeutung von Berufsarbeit die wichtigsten Standardbilanzierungen an den Etappen des Erwerbslebens entlang. Im Durchgang durch gesellschaftliche Institutionen wie Schule, Berufsbildungssystem, Ehe, Verrentung erwerben Individuen jeweils „Berechtigungsscheine", auf denen sich jeweils unterschiedliche Chancen aufbauen. Zugleich aber wird über dieses Stufenleitern folgende Berechtigungswesen Schritt für Schritt die subjektive Selbstdefinition der Personen geprägt, indem das Erwartete und das bereits Erreichte mit den jeweiligen institutionellen Vorgaben abgeglichen wird (KRÜGER 1993, S. 377). Neben Planungssicherheit entstehen auch Planungszwänge, da die erwartbare Leistung auf dem Erreichten in den Institutionen davor gründet.

Zu den wesentlichen Standardbilanzierungen dessen, was man im Leben geleistet hat, zählt in modernen Gesellschaften beruflicher Erfolg. Diese gesellschaftlichen Vorgaben haben eine starke normative Kraft, die es für den Einzelnen kaum möglich macht, das eigene Leben losgelöst von dem Hintergrund institutioneller Vorgaben zu betrachten, wie KRÜGER (1993) aufweist. Über Leistungsnachweise, die im Berufsbildungs- und später im Beschäftigungssystem erworben werden können und müssen, wird gesellschaftliche

Ungleichheit legitimiert. Scheinbar objektiv bezeugen sie den erfolgreichen Durchlauf durch gesellschaftliche Institutionen als individuelle, subjektiv verantwortete Leistung und negieren dabei strukturell unterschiedliche Chancen. Berufe sind als gesellschaftlich standardisiertes Tauschmuster konstruiert, nach denen der Einzelne sein zertifiziertes Arbeitsvermögen am Markt gegen Geld anbieten kann. Zugleich wird durch den Beruf der soziale Status, die gesellschaftliche Position des Individuums definiert. Neben dem Mittel zur Existenzsicherung wird der Beruf Ausdruck personaler Identität und gesellschaftlicher Ausweis des individuell Erreichten (BECK/BRATER 1977). Mit der Berufsbezeichnung erhält das Individuum quasi ein Etikett, anhand dessen sich das Erreichte im Erwerbssystem auch für den Außenstehenden decodieren läßt.

Vor und nach der Erwerbsphase haben sich zwei als erwerbsarbeitsfrei definierte Phasen auf den Grundlagen des Bildungs- und des Rentensystems ausgebildet: die Ausbildungsphase in Kindheit und Jugend sowie die Ruhestandsphase im Alter. Die Entwicklung des Ruhestands als eigenständige, materiell gesicherte Lebensphase „bildet gleichsam den Schlußstein im Prozeß der Institutionalisierung des Lebenslaufs und seiner Dreiteilung" (FRETER/KOHLI/WOLF 1988). Formal und sozial verbindlich geregelt wird der Ruhestand durch die gesetzlichen Altersgrenzen. Diese beiden Phasen sind gleichwohl unmittelbar auf das Erwerbssystem bezogen.

Unterschlagen wird bei dem gesellschaftlichem Paradigma des um das Erwerbssystem zentrierten „Normallebenslaufs", daß ein wesentlicher Teil gesellschaftlich wichtiger Arbeit nicht im Erwerbssystem geleistet wird. Mit der Entwicklung der Lohnarbeit bildete sich komplementär die Reproduktions- oder Familienarbeit heraus. Diese wurde und wird im wesentlichen unentgeltlich im Privatbereich geleistet und hat sich geschlechtsspezifisch ausdifferenziert. Dabei stützt sich die Erwerbsarbeits-Zentrierung des männlichen Lebenslaufs auf die weibliche Zuständigkeit für den familialen Bereich. Diese geschlechtsspezifische Aufteilung der Verantwortlichkeit für die jeweiligen gesellschaftlichen Arbeitsbereiche bildet bis heute einen dominanten Bestandteil unserer kulturellen Grundordnung mit Auswirkungen auf wesentliche gesellschaftliche Bereiche wie den geschlechtsspezifisch geteilten Arbeitsmarkt, das Versicherungssystem oder das Berufsbildungssystem (JURCZYK 1991, BECK-GERNSHEIM 1980, KRÜGER/BORN 1991). Es darf daher nicht übersehen werden, daß das oben beschriebene Lebenslaufregime vor allem für Männer Gültigkeit besitzt. Allein für sie ist eine Normalarbeitsbiographie in hohem Maß verbindlich.

Obwohl der Anteil von Frauen am Erwerbsleben langsam aber kontinuierlich steigt, hat die weibliche Doppelorientierung auf Berufs- *und* Familienarbeit weiterhin Bestand. BECKER-SCHMIDT ET AL. (1983) beschreiben Frauen als doppelt sozialisiert, doppelt vergesellschaftet und doppelt qualifiziert. Die Orientierung an den Vorgaben des Normallebenslaufs, in dessen

Mittelpunkt die Lohnarbeit steht, ist für die weiblichen Biographien daher nur bedingt sinnvoll. Statt dessen muß die Ausrichtung von Lebensperspektive und -planung auf die Verschränkung von Familien- und Erwerbsarbeit als ein Teil der weiblichen Normalbiographie angesehen werden (LEVY 1977).

Für Frauen ergibt sich die Schwierigkeit, daß sich ihre faktische Lebensführung häufig in Diskrepanz zu den dominanten Wertesystemen der Gesellschaft befindet. Wie KRÜGER und BORN aufzeigen konnten, stellen sich die Bilanzierungen des Lebensverlaufs entlang der normativen Vorgaben des Normallebenslaufs für Frauen in der Regel negativ dar. „Schon bei Frauen, die heute auf eine potentiell 40jährige Erwerbsarbeitsspanne zurückblicken können, zeigt sich die Destandardisierung des Lebenslaufs, die ‚Sprengung des Korsetts'" (KRÜGER/BORN 1991, S. 158). Doch auch in den männlichen Lebensverläufen lassen sich seit rund zwei Jahrzehnten zunehmende, empirisch nachweisbare Auf- und Abweichungen des Normallebenslaufs, sogenannte Deinstitutionalisierungstendenzen, feststellen. KOHLI (1985) geht davon aus, daß die Standardisierung des Lebenslaufs, die sich bis in die 60er Jahre hinein fortwährend verfestigte, in den letzten Jahren nicht nur zum Stillstand gekommen ist, sondern sich bereits teilweise sogar umgekehrt hat. Zunehmend versagen Institutionsketten und -erwartungen auch bei Männern bzw. bei Frauen, die kontinuierlich am Erwerbsleben teilhaben oder hatten, und damit dem Muster des (männlichen) Normallebenslaufs entsprechen.

Noch ist die Dreiteilung des Lebenslaufs in ihrer normativen Verbindlichkeit nicht in Frage gestellt, jedoch erodieren aufgrund von Veränderungen gesellschaftlicher Strukturbedingungen vor allem die zeitlichen Grenzen zwischen den drei zentralen Phasen „Ausbildung – Erwerbsarbeit – Ruhestand". Teils als Folge autonomer Entscheidungen, im wesentlichen aber bedingt durch Zwänge am Arbeitsmarkt, werden die Übergänge zwischen diesen Phasen länger, diffuser und risikoreicher. In der Eingangsphase der Berufsbiographie wird heute, häufig durch den Mangel an Erwerbsmöglichkeiten, der kontinuierliche Übergang in die nächste (Erwerbs)-Stufe erschwert. Insbesondere längere Ausbildungszeiten sind nicht allein das Resultat einer Vergrößerung des individuellen Handlungsspielraums, sondern in vielen Fällen durch die eingeschränkten Erwerbsmöglichkeiten erzwungen. Die längere Verweildauer im Bildungssystem erlaubt, neben der vermeintlichen Verbesserung der individuellen Marktchancen durch den Erwerb weiterer „Berechtigungsscheine", einen institutionell geregelten und gesellschaftlich anerkannten Rückzug aus den Wechselfällen des Arbeitsmarkts.

Ebenso wie beim Eintritt in die Erwerbsphase kommt es seit den 70er Jahren auch am anderen Ende dieser Lebenssequenz, beim Übergang in den Ruhestand, zu Erosionen. Die Lebensphase des Ruhestands hat in den letzten Jahren eine erhebliche Verlängerung erfahren. Ursache war auch hier – neben dem Anstieg der allgemeinen Lebenserwartung – der Druck des Arbeitsmarktes, unter dem sich der Verrentungszeitpunkt nach unten verlagerte. Die

Personalregulierung durch vorzeitige Entlassung in den Ruhestand stellt den Versuch einer Problemlösung dar, der das institutionalisierte Muster des Lebenslaufs nutzt. Frühverrentungsangebote, die die Möglichkeit bieten, unabhängig von Gesundheitseinbußen oder Arbeitslosigkeit, vorzeitig aus dem Erwerbsleben ausscheiden zu können, stoßen auf eine hohe Akzeptanz und großes Interesse bei älteren ArbeitnehmerInnen.

Die Übergänge zwischen den einzelnen Phasen verwischen zunehmend, so daß es auch für den Ruhestand keine verbindliche Übergangsgrenze mehr gibt. Während einerseits aufgrund der Zwänge der Arbeitsmarktlage viele Menschen heute bereits mit Mitte/Ende 50 ihren Arbeitsplatz aufgeben müssen, arbeiten andere, vor allem Selbständige oder Freiberufler, durchaus bis zu einem Alter von 70 oder 80 Jahren. Durch die Aufweichung kollektiv verbindlicher Altersgrenzen hat sich eine neuartige Übergangsphase zwischen Erwerbstätigkeit und Ruhestand geschoben, in der die Normalität des Berufslebens immer brüchiger wird (FRETER/KOHLI/WOLF 1988). Die Eindeutigkeit der zeitlichen Zugehörigkeit zur Erwerbsphase wird durch mögliche betriebliche oder individuelle Entscheidungen in Frage gestellt.

Aus dem Verlust verbindlicher Altersgrenzen ergibt sich die Notwendigkeit zu einer normativen Neudefinition der Lebensphase Ruhestand. Mit der zeitlichen Ausdehnung hat der Ruhestand seinen Charakter als „Restzeit" verloren. Er ist zu einer eigenständigen Lebensphase geworden, die individuell gestaltet werden muß. Da kaum noch institutionell vorgeprägte Muster für die Lebensgestaltung im Ruhestand existieren, stellt das Alter völlig neuartige Handlungsaufforderungen an die Individuen dar. „Die Lebensform jenseits der Erwerbsarbeit und der biographische Ort des ‚Alters' sind zum Gegenstand gesellschaftlicher Such- und Definitionsprozesse geworden, deren Ausgang bislang offen ist" (FRETER/KOHLI/WOLF 1988).

3 Anlage und Durchführung der Untersuchung

Nach umfangreichen Literaturrecherchen war schon früh ersichtlich, daß zur Erwerbsarbeit von AltersruhegeldbezieherInnen nur wenige relevante empirische Untersuchungen existieren, die wiederum nur Ausschnitte der komplexen sozialen Wirklichkeit dieser Form der Altersarbeit repräsentierten. Das Forschungsfeld stellte sich auf Seiten der erwerbstätigen RentnerInnen als lückenhaft, auf Seiten der RentnerInnen beschäftigenden Betriebe als praktisch unbearbeitet dar. Dies veranlaßte uns zu dem Versuch, die Perspektiven der am Zustandekommen dieser Beschäftigungsverhältnisse *unmittelbar* Beteiligten – verrentete Arbeitskräfte einerseits, Personalverantwortliche andererseits – in ihrer Komplexität und Vielgestaltigkeit zu ermitteln und wechselseitig aufeinander zu beziehen, um so ein differenziertes Bild des Phänomens der Erwerbstätigkeit von Rentnerinnen und Rentnern nachzeichnen zu können.

Da sowohl zentrale strukturelle Kennzeichen wie auch motivationale Aspekte des Phänomens der RentnerInnen-Erwerbstätigkeit weitgehend unbekannt waren, erschien uns ein multimethodisches und multiperspektivisches Vorgehen am angemessensten, um unseren Untersuchungsgegenstand sowohl in seiner Breite abbilden wie auch in seiner Tiefe verstehen zu können.

Ein multimethodisches Forschungsverfahren, das sich an der Idee der sogenannten Triangulation (vgl. LAMNEK 1988, DENZIN 1970) orientiert, stellt unseres Erachtens ein profundes Erkenntnispotential in Aussicht, aus dem ein komplexes Gesamtbild der Thematik RentnerInnenerwerbstätigkeit generierbar erscheint. Die Koppelung von sogenannten quantitativen und qualitativen Verfahren der Sozialforschung verspricht zudem, die komplementären Schwächen dieser beiden Forschungsansätze zu kompensieren: Einerseits können statistisch befriedigende Aussagen über die empirische Breite des Phänomens RentnerInnenarbeit am ehesten auf der Datengrundlage von standardisierten Befragungsverfahren getroffen werden. Die Untersuchungsergebnisse spiegeln jedoch primär *die* Aspekte des Themas wider, die bei der Konzeptualisierung der Erhebungsinstrumente bereits bekannt waren. Andererseits können die Befragten in nicht-standardisierten Erhebungsverfahren gerade solche

Themenbereiche ansprechen, die nach dem Stand der Literaturrezeption zunächst nicht zu erwarten waren. Statistisch relevante Schlüsse auf die Grundgesamtheit sind von hier aus allerdings kaum zu rechtfertigen.

Weil sich das Phänomen RentnerInnenarbeit aus komplexen und vielschichtigen, lebensweltlich, kulturell und gesellschaftlich vermittelten Bedeutungszusammenhängen konstituiert, die eingehender Interpretation und Analyse bedürfen, kommt unseres Erachtens insbesondere *den* Forschungsmethoden besondere Bedeutung zu, die lebensweltliche Kontexte und Definitionsspielräume der sozialen Akteure zu erfassen versuchen. Unser spezielles Interesse gilt schließlich dem sozialen Handeln und der ihm zugrundeliegenden kognitiven Repräsentation sozialer Wirklichkeit. Dabei sind wir überzeugt, daß sich soziales Handeln „nicht auf eine Ursache zurückführen oder als bloße Reaktion beschreiben [läßt], ihm liegen subjektive Handlungsgründe zugrunde, die durch Verstehensoperationen erfaßt werden müssen. [...] Um die expliziten oder impliziten Handlungsgründe erkennbar zu machen, braucht man den Rückgriff auf verschiedene Verstehensoperationen, d.h. den Rückgriff auf Situationseinschätzungen, normative Bindungen, Werthaltungen, Dispositionen und Intentionen der Handelnden“ (WIESE 1991, S. 548). Verstehensoperationen, die der Forscher anwendet, dienen somit der Erfassung des subjektiv gemeinten Sinns, den soziale Akteure ihrem Handeln zugrunde legen. „Denn während natürliche Ereignisse keinen Sinn ‚in sich‘ tragen und deshalb ihre Bedeutung vom Beobachter definiert wird, sind kulturelle Phänomene eben ‚immer schon‘ mit Sinn besetzt. Und diesen Eigen-Sinn gilt es zu rekonstruieren.“ (SOEFFNER/HITZLER 1994, S. 50) Der Analysegegenstand der Soziologie ist somit „der in einem sozialen Kontext lebende und handelnde Mensch, das soziale Individuum, dessen Handeln mit Sinn, mit Bezug auf andere versehen ist; dieses Handeln muß verstanden werden“ (LAMNEK 1988, S. 14). Analytisch gehaltvolle Aussagen über das Phänomen der Erwerbstätigkeit von Rentnerinnen und Rentnern sind somit am ehesten zu erwarten, wenn es gelingt, eben diesen subjektiv gemeinten Sinn der Handelnden zu rekonstruieren und die darin auftretenden Handlungsmuster herauszuarbeiten.

Da zu erwarten stand, daß sich unser Forschungsthema weder mit der Beschränkung auf rein standardisierte, aber auch nicht allein mit nicht-standardisierten Sozialforschungsverfahren adäquat bearbeiten ließe, erschien es sinnvoll, die empirische Arbeit in verschiedene Untersuchungsphasen zu gliedern und unter Anwendung und Verbindung sogenannter quantitativer und qualitativer Forschungsinstrumentarien durchzuführen. Bei der Integration von qualitativen und quantitativen Methoden (vgl. WILSON 1982) können unterschiedliche Ziele verfolgt werden: In der konventionellen Methodologie wird die explorative „Vorstudie“ einerseits zur Vorbereitung der quantitativen Hauptuntersuchung eingesetzt. In diesem Stadium kann sie als Quelle zur Generierung von Hypothesen genutzt werden und dient dabei der Erstellung und Überprüfung von geschlossenen Antwortvorgaben und Skalen. In einer späteren Phase kann das standardisierte Design durch einen qualitativen Pretest überprüft werden. Es ist jedoch ebensogut möglich, quantitative Verfahrensweisen zur Unterstützung qualitativer zu nutzen. Dieses Vorgehen bietet sich beispielsweise an, um die Stichprobe für eine qualitative Untersuchung aus selbst erhobenen Repräsentativdaten zu ziehen, und hat den Vorteil, daß ein Vergleich von Aussagen der qualitativen Untersuchung mit den Ergebnissen der Repräsentativerhebung vorgenommen werden kann.

3.1 Der multimethodische Forschungsansatz

Die empirische Arbeit des Projekts wurde schließlich in zwei verschiedene Untersuchungsphasen gegliedert: Zunächst wurde in Zufallsstichproben mit standardisierten Verfahren ein Überblick über die empirische Breite des Phänomens RentnerInnenarbeit gewonnen und erste Aussagen zu strukturellen Kennzeichen dieser Beschäftigungsform ermöglicht. Aus dem Befragungs-Rücklauf haben wir sodann selbstselektiv GesprächspartnerInnen für weitgehend offene Interviews gewonnen, die uns aus ihrer spezifischen Akteursperspektive soziale Wissensbestände vermittelten, die wir vorab weder deduktiv noch induktiv konstruieren konnten. Als Untersuchungseinheiten wählten wir zum einen Betriebe[16] als örtliche Einheiten betriebswirtschaftlicher Leistungserstellung und Beschäftigung. Zum anderen wollten wir von Rentnerinnen und Rentnern wissen, inwieweit sie eine Erwerbstätigkeit im Ruhestandsalter ausüben oder sich zumindest wünschen. Die Projektarbeiten gliederten sich damit in die folgenden vier Einzeluntersuchungen:

1. Standardisierte schriftliche Befragung von ca. 2.000 60- bis 80jährigen Menschen zu zentralen demographischen Daten;
2. Standardisierte schriftliche Befragung von 800 Betrieben zu zentralen betriebsstrukturellen Merkmalen;
3. Leitfadenstrukturierte Interviews mit 20 erwerbstätigen Rentnerinnen und Rentnern;
4. Leitfadenstrukturierte Interviews mit 20 betrieblichen Personalverantwortlichen.

3.1.1 Standardisierte schriftliche Befragungen

Die Konzeption und Umsetzung der beiden standardisierten Repräsentativbefragungen orientierte sich an den in der empirischen Sozialforschung übli-

---

16 Letztendlich werden natürlich Personen befragt, die jedoch als betriebliche Repräsentanten über Fakten des Betriebs sowie über Verfahrensweisen und Einschätzungen des Betriebs bezüglich der Beschäftigung von RentnerInnen Auskunft geben.

chen, weithin dokumentierten Verfahrensweisen der quantitativen Datengewinnung[17]. Die Datenaufarbeitung und -auswertung erfolgte mittels des Computerprogramms SPSS® für Windows™.

3.1.1.1 Schriftliche Befragung 60- bis 80jähriger Menschen

Vor der schriftlichen Hauptbefragung wurde aufgrund der Unerforschtheit des Themas „Arbeit im Ruhestand" eine erste Vorstudie mit n = 40 RentnerInnen durchgeführt, welche erste Hinweise auf die Reaktionen der Betroffenen zu dem Thema liefern sollte. In einem politischen Gesprächskreis für Senioren bei der örtlichen VHS und in zwei Nachbarschaftsheimen wurden mittels einer schriftlichen Befragung mit anschließender Gruppendiskussion die Reaktionen der älteren Menschen auf die interessierende Thematik ermittelt. Da sich als zentrales Ergebnis herausstellte, daß die Thematik der Erwerbsarbeit im Ruhestand sowie einzelne Themenspezifika eine latent bis deutlich ablehnende Haltung und empfindliche Reaktionen erzeugten, wurde für die Konstruktion des standardisierten Fragebogens der Hauptuntersuchung auf das methodisch erprobte und an der Vertrauensbildung der Befragten orientierte Verfahren der „Total Design Method" (TDM) nach DILLMAN (1978 & 1983) zurückgegriffen.

Unter weitestgehender Berücksichtigung der Anforderungen der TDM wurden bei der Konstruktion des Fragebogens, der den allgemeinen Titel „Arbeit und Ruhestand in der Bergischen Region – 60- bis 80jährige Menschen berichten über ihre Lebenssituation" erhielt und als 12seitige Broschüre im DIN A4-Format vorgelegt wurde, die folgenden, überwiegend quantitativen Dimensionen der Thematik nachberuflicher Erwerbstätigkeit eingearbeitet: a) Bewertung bzw. Einschätzung des Lebensalters, b) Soziale Einbindung c) Gesundheitszustand, d) Familiäre Einbindung, e) Berufsbiographie, f) Ruhestandssituation. Die insgesamt 58 Fragen wurden über die sechs Dimensionen auf Itembatterien (drei oder fünf Items) oder einzelne geschlossene Fragen mit drei- bzw. fünfstufigen Skalen verteilt. Auf der letzten Seite des Fragebogens wurde noch um die Mitteilung gebeten, ob die Befragten bereit seien, an einem persönlichem Interview teilzunehmen.[18]

In zwei Pretests wurde das Meßinstrument dann auf seine generelle Verständlichkeit, Handhabbarkeit, Zeitaufwendigkeit und Plausibilität der Filterführung geprüft. Zudem galt es herauszufinden, ob die geplante Vorgehensweise von Fragebogenversand und Mahnverfahren mittels Erinnerung (telefonisch versus postalisch) eine zufriedenstellende Rücklaufquote ermöglichte. Der erste, vornehmlich auf die Praktikabilität des Meßinstrumentes orientierte Pretest wurde mit 10 Personen, der zweite, zusätzlich auf die

---

17 vgl. z.B. SCHNELL/HILL/ESSER 1989

18 Aus diesem so gewonnen Adressenpool sollten später die GesprächspartnerInnen für die Leitfadeninterviews ausgewählt werden.

Nachfaßmodalität orientierte, mit 50 Personen durchgeführt. Aus beiden Pretest ergaben sich wichtige Hinweise zur Verbesserung der Filterführung, der Umplazierung einiger Fragen und der Berücksichtigung geschlechtsspezifischer Aspekte. Als Nachfaßmodus zeigte sich die postalische Erinnerung als die effizienteste Lösung.

Die Grundgesamtheit für diese erste, repräsentative Teilerhebung definiert sich wie folgt: Frauen und Männer, die zwischen dem 01. Januar 1913 und dem 31. Dezember 1933 geboren wurden und mit erstem Wohnsitz in den Städten Wuppertal, Remscheid und Solingen gemeldet sind[19]. Entsprechendes Material über die Zusammensetzung dieser Grundgesamtheit lieferten die Erhebungsdaten des Statistischen Landesamtes NRW. Die Stichprobengröße wurde mit n = 2.033 Personen festgelegt und proportional zur Grundgesamtheit nach den Kriterien Alter und Geschlecht gezogen. Die Bruttostichprobe umfaßte somit 1.237 (61%) Frauen und 796 (39%) Männer.

Die Durchführung der Befragung im Sommer 1993 gestaltete sich in folgender Reihenfolge: Versendung des Fragebogens samt eines Begleitschreibens und eines Freirückumschlages, Versendung eines Erinnerungsschreibens in Form einer Postkarte nach Wochenfrist und erneute Versendung eines Erinnerungsschreibens nach Dreiwochenfrist. Die Ausschöpfung der Erhebung erwies sich im Ganzen als zufriedenstellend. Die generelle Rücklaufquote belief sich auf 49,6%, so daß nach Abzug aller nicht auswertbaren Fragebögen eine Nettostichprobe von 47,4% (964 Fragebögen) erzielt werden konnte.

Bezüglich der Repräsentativität der Nettostichprobe konnte anhand der aus der Grundgesamtheit bekannten Parameter „Alter“ und „Geschlecht“ ermittelt werden, daß gegenüber der Grundgesamtheit bei der Variable „Geschlecht“ eine fünfprozentige und bei der Variable „Alter“ eine 0,5- bis 2-prozentige Verschiebung je nach Altersjahrgang eintrat (vgl. *Abbildung 4* und *Abbildung 5*). Die Überprüfung der Befragtenidentität zeigte, daß hier nur eine geringfügige Verzerrung vorliegt. Auf ein Gewichtungsverfahren (vgl. SCHNELL 1993, ROTHE 1990, ROTHE/WIEDENBECK 1987) zur Korrektur der Daten wurde aufgrund des umstrittenen Stellenwertes dieser Verfahren verzichtet.

---

19 Da der soziale Status der EinwohnerInnen einer Gemeinde bei der Stichprobenziehung nicht als Auswahlkriterium zur Verfügung stand, mußten wir auf die Variable „Alter“ als Selektionsfilter zurückgreifen. Es konnte jedoch davon ausgegangen werden, daß auf die Mehrzahl der 60- bis 80jährigen tatsächlich der RentnerInnenstatus zuträfe. Bei der Datenauswertung bestätigte sich, daß lediglich 5,3% aller von uns Befragten dieser Altersgruppe noch zu den regulär Erwerbstätigen zählten.

Abbildung 4: Repräsentativität weiblicher Befragter hinsichtlich der Variable „Alter"

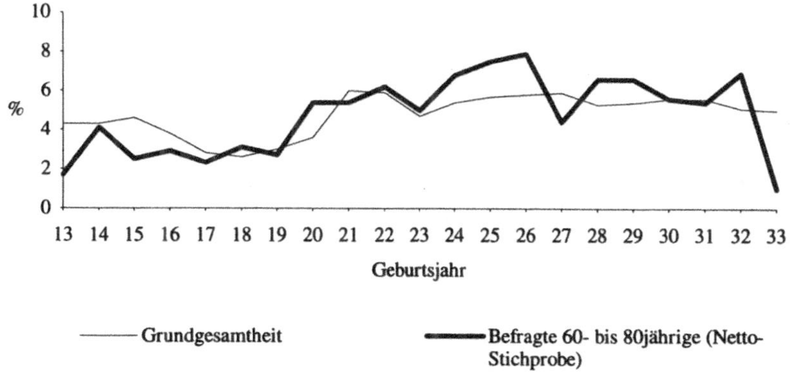

Abbildung 5: Repräsentativität männlicher Befragter hinsichtlich der Variable „Alter"

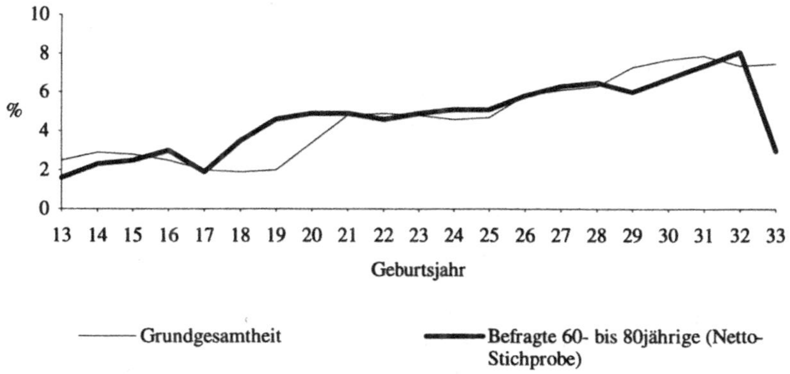

3.1.1.2 Schriftliche Befragung privatwirtschaftlich organisierter Betriebe

Primäres Ziel der standardisierten Betriebsbefragung war die Erfassung der quantitativen Dimension von Betrieben, die RentnerInnen beschäftigen. Zudem sollten erste Annahmen über folgende Einflußgrößen und Prozesse der Personalwirtschaft zusammen mit betriebswirtschaftlichen Bestimmungsgrößen für die Beschäftigung von RentnerInnen untersucht werden: Branchenzugehörigkeit, Anzahl der Beschäftigten, Hauptsitz des Betriebes, Anzahl der Niederlassungen, Ausmaß prekärer Beschäftigungsverhältnisse und im Betrieb angebotener Beschäftigungsformen. Aus dem Adressenpool der Betriebsbefragung sollten darüberhinaus Personalverantwortliche solcher Betriebe, die RentnerInnen beschäftigen, für persönlichen Interviews gewonnen werden. Der Umfang des Fragebogens konnte auf neun geschlossene Fragen beschränkt werden und deckte die folgenden Themenbereiche ab: a) Angaben zum Betrieb, b) Personalwirtschaft, c) Verrentungsformen im Betrieb, d) Betriebliche Personalplanung.

In einem Pretest mit n = 30 zufällig gezogenen, regional ansässigen Betrieben aus der Mitgliederliste der Handwerkskammer Düsseldorf wurde anschließend der Inhalt des Fragebogens, seine Handhabbarkeit, die Wirksamkeit des Begleitschreibens und die Effizienz der Nachfaßaktion unter Feldbedingungen getestet. Aus den Testergebnissen resultierte eine Überarbeitung des Fragebogens bezüglich der Angaben zur Betriebsgröße sowie der betrieblichen Altersgrenzen. Als Nachfaßmodus zeigte sich hier die telefonisch Nachfassung gegenüber der postalischen überlegen.

Die Grundgesamtheit für die Betriebsbefragung basierte auf allen Betrieben, die im Monat Januar 1993 in den Mitgliedslisten der Industrie- und Handelskammer der Städte Wuppertal, Remscheid und Solingen sowie der für die Region zuständigen Handwerks- und Landwirtschaftskammern eingetragen waren und umfaßte 14.704 Betriebe. Davon entfielen 9.450 Betriebe auf die Mitgliedslisten der Industrie- und Handelskammer, 4.852 Betriebe auf die der Handwerkskammer und 402 Betriebe auf die Landwirtschaftskammer der Region. Ausgehend von diesen Daten wurde eine geschichtete Zufallsstichprobe aus den Mitgliedslisten der Industrie- und Handelskammer und der Handwerkskammer, die anteilig um landwirtschaftliche Betriebe ergänzt wurde, gezogen. Der Stichprobenumfang wurde auf 819 Betriebe festgelegt, sodaß sich die Stichprobe aus 536 Betrieben der IHK-Liste, 266 der in der Handwerksrolle eingetragenen Betriebe und 22 landwirtschaftlichen Betrieben zusammensetzte.

Die Durchführung der schriftlichen Betriebsbefragung im Frühjahr 1993 gestaltete sich wie folgt: Versand des Fragebogens samt eines Begleitschreibens und der Selbstdarstellung des Projektes, erste postalische Erinnerung nach Zweiwochenfrist, zweite telefonische Erinnerung nach erneuter Wochenfrist. Von den 819 angeschriebenen Betrieben der Bruttostichprobe konnte eine Ausschöpfung von 45,3% (371 zurückgesandte Fragebögen) erzielt werden. Nach Abzug der nicht auswertbaren Fragebögen wurde eine Nettostichprobe von 44,7% (366 Fragebögen) erreicht. Die Wirksamkeit der telefonischen Nachfaßaktion bestätigte sich auch hier durch die Steigerung des Rücklaufs um 15,1%.

Abbildung 6: Repräsentativität der Untersuchungseinheit Betrieb hinsichtlich des Kriteriums „Branche"

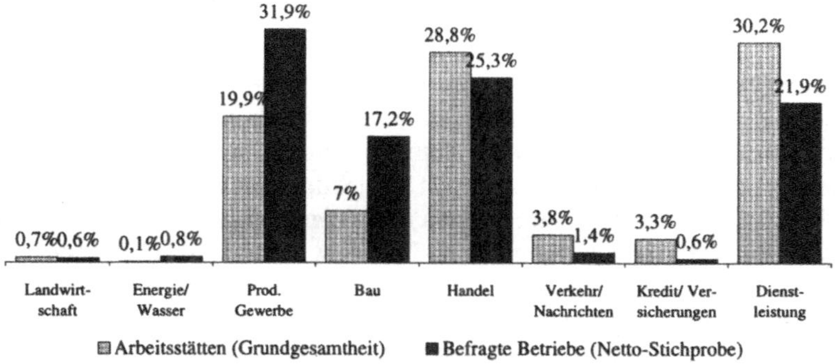

Abbildung 7: Repräsentativität der Untersuchungseinheit Betrieb hinsichtlich des Kriteriums „Zahl der Beschäftigten"

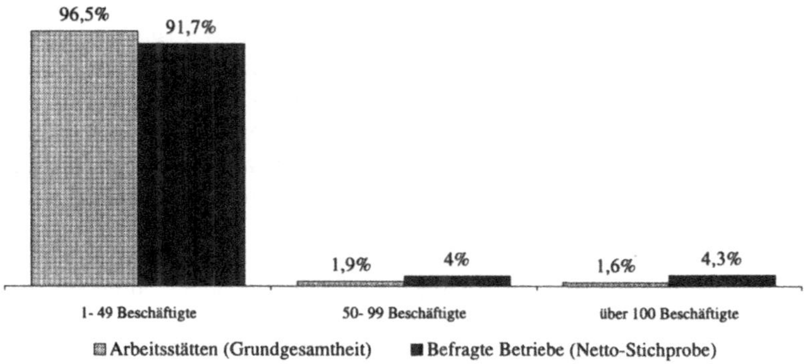

Bezüglich der Repräsentativität der Nettostichprobe läßt sich aus dem Vergleich der bekannten Stichproben- und Grundgesamtheitsparameter – der Verteilung der Betriebe hinsichtlich ihrer Mitgliedschaft in den jeweiligen Kammern – entnehmen, daß eine Abweichung der IHK-Betriebe um 4,8%, der HWK-Betriebe um 0,2% und der LWK-Betriebe um 1,6% vorliegt. Da eine Überprüfung der Abbildungsgenauigkeit der Stichprobe bezüglich der Variablen „Branche" und „Anzahl der Beschäftigten" anhand des Adressenmaterials nicht möglich war, wurde diese mittels der Ergebnisse der letzten Arbeitsstättenzählung vom Mai 1987 vorgenommen. Hierbei zeigte sich, daß die Branchen „Produzierendes Gewerbe" und „Bau" mit einer Abweichung von 12% bzw. 10,2% in der Nettostichprobe deutlich überrepräsentiert und die Branchen „Handel" und „Dienstleistung" mit Abweichungen von 3,5% und 8,3% unterrepräsentiert sind (vgl. *Abbildung 6*). Bei der Variable „Anzahl der Beschäftigten"[20] bewegen sich die Abweichungen lediglich zwischen 2,1% und 4,8% (vgl. *Abbildung 7*).

3.1.2 Leitfadenstrukturierte Interviews

In der zweiten empirischen Phase des Projektes kamen die oben erwähnten qualitativen Verfahren der empirischen Sozialforschung zur Anwendung. Wir entschieden uns für die Durchführung sogenannter problemzentrierter Interviews, die angesichts der knappen Projektlaufzeit und des umfangreichen Forschungsprogramms am ehesten eine Begrenzung der Interviewdauer ermöglichten. Beim problemzentrierten Interview steht „... die Konzeptgenerierung durch den Befragten ... immer noch im Vordergrund", doch können bereits bestehende Interpretationskonzepte, die sich der Forscher „durch Literaturstudium, eigene Erkundungen im Untersuchungsfeld, durch Ermittlung des Fachwissens von Experten usw." (LAMNEK 1988, S. 74) angeeignet hat, mit berücksichtigt werden. „Dieses Vorgehen wird damit begründet, daß der Forscher eben nicht eine tabula rasa sein kann, daß er sich nicht völlig theorie- und konzeptionslos in das soziale Feld begibt und er immer schon entsprechende theoretische Ideen und Gedanken (mindestens implizit) entwikkelt hat." (LAMNEK 1988, S. 74) Für die beiden Interviewrunden mit erwerbstätigen RentnerInnen und betrieblichen Personalverantwortlichen wurden daher Interviewleitfäden konstruiert. Die in den beiden Einzelerhebungen gewonnen Interviewtexte wurden anschließend transkribiert und mittels der PC-Software AQUAD VIER[21] kodiert und computerunterstützt ausgewertet.

3.1.2.1 Leitfadenstrukturierte Interviews mit erwerbstätigen RentnerInnen

Insgesamt wurden 16 von 20 beabsichtigten qualitativen Interviews mit erwerbstätigen RentnerInnen zum Thema RentnerInnenerwerbstätigkeit im Herbst 1994 durchgeführt. Da die Adressen der Befragten aus der Repräsentativbefragung gewonnen wurden und die Interviewteilnahme auf Freiwilligkeit basierte, handelt es sich nicht um eine repräsentative, sondern um eine selbstselektierte Stichprobe. Bei der Konzeption des umfangreichen Leitfa-

---

20 Die abgebildete Wirtschaftsstruktur ist im übrigen nicht nur für Arbeitsstätten, sondern auch auf der Ebene rechtlich selbständiger Unternehmen durchaus typisch. Dies gilt darüberhinaus nicht nur für die Betriebsgrößenstruktur in der untersuchten Region, in der kleinbetriebliche Strukturen bekanntlich ohnehin dominieren. Auch bundesweit machen die Kleinbetriebe mit weniger als 50 Beschäftigten 97,8% aller Unternehmen aus. (vgl. LEICHT/STOCKMANN 1993)
Angemerkt werden sollte noch, daß sich die Beschäftigtenzahlen in der amtlichen Arbeitsstättenzählung wie auch in unserer Befragung auf sozialversicherungspflichtige Beschäftigtenverhältnisse beschränken. MitarbeiterInnen, die der Betrieb versicherungsfrei beschäftigt – etwa bei höherem Einkommen –, werden hier nicht berücksichtigt.

21 Autor des Programms zur „Analyse qualitativer Daten" – AQUAD ist Günter L. Huber; vgl. auch HUBER 1992.

dens sind folgende, für die Fragestellung bedeutsamen Themenkomplexe eingearbeitet worden: I. Schul-, Berufs- und Erwerbsbiographie, II. Übergang in den Ruhestand: 1) Bewertung des Rentenalters, 2) Vorbereitung auf den Ruhestand, III. Erwerbsarbeit im Ruhestand: 1) Aufnahme der RentnerInnenerwerbstätigkeit, 2) frühere Erwerbstätigkeiten im Rentenalter, 3) allgemeine Arbeitsbedingungen am früheren oder jetzigen Arbeitsplatz, 3) arbeitsrechtliche Rahmenbedingungen, 4) Arbeitszeitregelungen, 5) persönliche finanzielle Rahmenbedingungen, 6) Verhältnisse zu KollegInnen und Vorgesetzten, 7) Arbeitszufriedenheit, 8) subjektive Bewertung von RentnerInnenarbeit, 9) Bilanzierung und Bewertung möglicher ehemaliger RentnerInnenerwerbstätigkeit, 10) Erfahrungen zur Akzeptanz von RentnerInnenarbeit, IV. Beurteilung gesellschaftlicher Entwicklungen: 1) Rentenrecht, 2) demographischer Wandel.

Daß von den zunächst Bereitschaft signalisierenden 40 der insgesamt 84 ermittelten erwerbstätigen RentnerInnen letztlich keine 20 Personen mehr zum Interview gewonnen werden konnten, ist durch verschiedene Ausfallgründe zu erklären: Krankheit, Abwesenheit im Befragungszeitraum, Änderung der Interviewbereitschaft und mittlerweile eingetretene Aufgabe der Erwerbstätigkeit.

Hinsichtlich einiger zentraler sozialstatistischer Variablen weist die selbstselektive Stichprobe der interviewten erwerbstätigen RentnerInnen gegenüber der Gruppe aller erwerbstätigen RentnerInnen der Nettostichprobe einige Abweichungen auf. Während sich das Alter und das Rentenzugangsalter der interviewten erwerbstätigen RentnerInnen im statistischen Mittel nur geringfügig von der Verteilung in der Repräsentativstichprobe unterscheidet, sind bei den Merkmalen Geschlecht, Schulabschluß, Berufsabschluß und Haushaltseinkommen systematische Abweichungen zu vermuten. Der Anteil der Frauen reduziert sich von 39,3% auf nur noch drei Frauen unter den 16 interviewten RentnerInnen. Entsprechend unausgewogen stellt sich die Altersverteilung der Frauen in der selbstselektiven Stichprobe dar (vgl. *Abbildung 8*).

Die Verteilung der Schulabschlüsse verändert sich weniger drastisch. Jedoch ist festzuhalten, daß die interviewten erwerbstätigen RentnerInnen höhere Schulabschlüsse als alle erwerbstätigen RentnerInnen aufweisen. Ein ähnliches Bild zeigt sich bei den Berufsabschlüssen. Das Niveau der abgeschlossenen Ausbildungen stellt sich als relativ hoch dar: Während z.B. unter allen erwerbstätigen RentnerInnen 9,6% einen Hochschulabschluß erlangten, verfügt jeder vierte der interviewten RentnerInnen über einen akademischen Abschluß. Eine Qualifikation als Meister ist in der Gruppe der Interviewten ebenfalls häufiger anzutreffen. Bezüglich des Haushaltseinkommens zeigt sich, daß die interviewten RentnerInnen überdurchschnittlich gut situiert sind.

Abbildung 8: Übersicht über die Altersstruktur der erwerbstätigen Rentnerinnen in den Stichproben

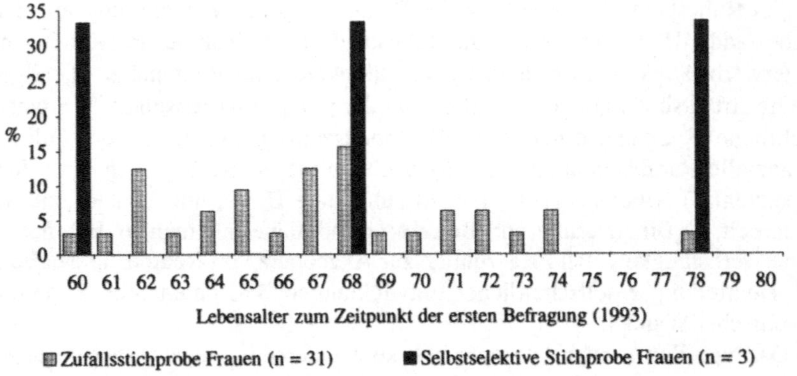

Abbildung 9: Übersicht über die Altersstruktur der erwerbstätigen Rentner in den Stichproben

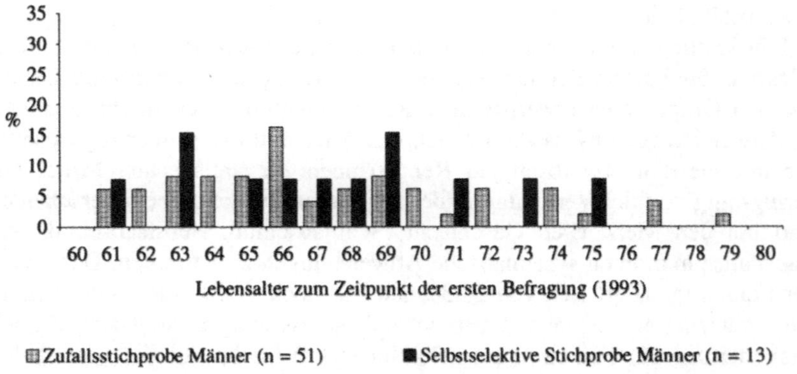

Zusammenfassend läßt sich also feststellen, daß die interviewten erwerbstätigen RentnerInnen eine spezielle Auswahl aus der Gruppe aller erwerbstätigen RentnerInnen darstellen. Die geringere Bereitschaft von Frauen, an einem Interview teilzunehmen, scheint durch die Abweichung typisch weiblicher Berufsqualifikationen von dem immer noch an männlichen Berufsqualifikationen und Karrieren orientierten Erwerbssystem, der damit verbundenen traditionalen Verankerung des Verantwortungsbereiches der Frau im familiären Kontext, dem Fehlen stringenter Berufsverläufe und dem Erschweren einer positiven Bilanzierung eines doppelorientierten Lebensverlaufs (vgl. etwa KRÜGER/BORN 1991) mitbedingt zu sein. Zudem scheint die freiwillige Teilnahme an einem Interview durch die Höhe der Schulausbildung, der Berufsqualifikationen und der damit verbundenen erfolgreichen Teilnahme am Erwerbssystem beeinflußt zu sein, was sich entsprechend auch in der Höhe der verfügbaren monetären Ressourcen der Befragten widerspiegelt. Im Umkehrschluß bedeutet dies also, daß erwerbstätige RentnerInnen mit geringerem sozio-ökonomischen Status sich vermutlich systematisch aus der Befragung herausselektiert haben. Allgemein läßt sich somit aus unseren Daten schließen, daß die Merkmale hohe Schul- und Berufsabschlüsse sowie Verfügung über finanzielle Ressourcen und Zugehörigkeit zum männlichen Geschlecht tendenziell die Interviewbereitschaft bei erwerbstätigen RentnerInnen erhöhen. Diese Aspekte gilt es bei der Interpretation der Interviewdaten zu berücksichtigen.

3.1.2.2 Leitfadenstrukturierte Interviews mit betrieblichen Personalverantwortlichen

In der zweiten Teilerhebung wurden insgesamt zwanzig Leitfadeninterviews mit betrieblichen Entscheidungsträgern bzw. Personalverantwortlichen geführt. Da die Adressen der zum Interview Bereiten aus dem Adressenpool der betrieblichen Repräsentativbefragung gewonnen wurden, liegt hier wiederum eine selbstselektive Stichprobe vor. In den 98 Betrieben, die in der Repräsentativbefragung angaben, RentnerInnen zu beschäftigen, konnten nach erneuter telefonischer Kontaktierung zwanzig GesprächspartnerInnen gefunden werden. Nach der Entwicklung eines Leitfadens wurden die persönlichen Gespräche im Frühsommer 1994 durchgeführt. Bei der Entwicklung des Leitfadens wurden insbesondere folgende Themenkomplexe eingebaut: 1) zentrale betriebsstrukturelle Daten, 2) betriebliche Personalpolitik, 3) wirtschaftliche Situation des Unternehmens, 4) allgemeine betriebliche Wahrnehmung gesellschaftlicher Veränderungen, 5) betriebliche Wahrnehmung des demographischen Wandels, 6) Betrieb als Lebenswelt, 7) betrieblicher Umgang mit Alter, 8) betriebliche Verrentungspraxis, 9) subjektive Einschätzung von Alter und Altsein, 10) Situations- und Tätigkeitsbereichsbeschreibung der RentnerInnenarbeit im Betrieb, 11) Entscheidungsgründe zur Beschäftigung von RentnerInnen, 12) Beurteilung von RentnerInnenarbeit, 13) betriebliche Prognosen zur RentnerInnenbeschäftigung, 14) allgemeine Prognosen zu Arbeit und Alter.

Bei dem Vergleich der selektiven Stichprobe mit der zugrundegelegten Grundgesamtheit der ersten empirischen Phase zeigt sich, daß hinsichtlich der beiden strukturellen Variablen „Branchenverteilung“ und „Betriebsgröße“ die Repräsentanz als durchaus zufriedenstellend bezeichnet werden kann. Bezüglich der Branchenverteilung sind zwar leichte Verzerrungen nachzuweisen, so etwa die Überrepräsentanz des produzierenden, des Transport- und des Dienstleistungsgewerbes sowie die Unterrepräsentanz der quantitativ nicht unbedeutenden Handelsbranche (vgl. *Abbildung 10*). Anzumerken ist jedoch, daß aufgrund der geringen Fallzahl der selbstselektiven Stichprobe von 20 Interviews kaum alle Branchen proportional angemessen vertreten sein konnten. Die zahlenmäßig kleinen Branchen Landwirtschaft, Energie und Wasser sowie Kredite und Versicherungen blieben in dieser letzten Feldphase nicht zuletzt deshalb unberücksichtigt, weil sich aus der ohnehin schon geringen Zahl der in der ersten Phase beteiligten Betriebe dieser Branchen keine Personalverantwortlichen zum Gespräch bereit fanden. Hinsichtlich der Betriebsgröße ist eine leichte Übergewichtung der Betriebe mit einer höheren Beschäftigtenzahl zu verzeichnen (vgl. *Abbildung 11*).

Abbildung 10: Übersicht über die Branchenstruktur der RentnerInnen beschäftigenden Betriebe in den Stichproben

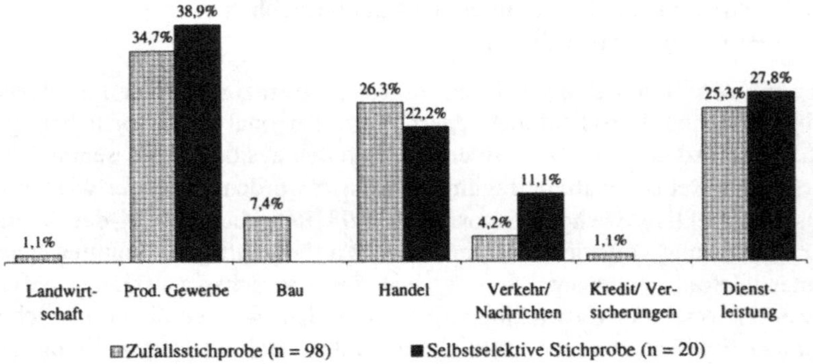

Abbildung 11: Übersicht über die Betriebsgrößenstruktur der RentnerInnen beschäftigenden Betriebe in den Stichproben

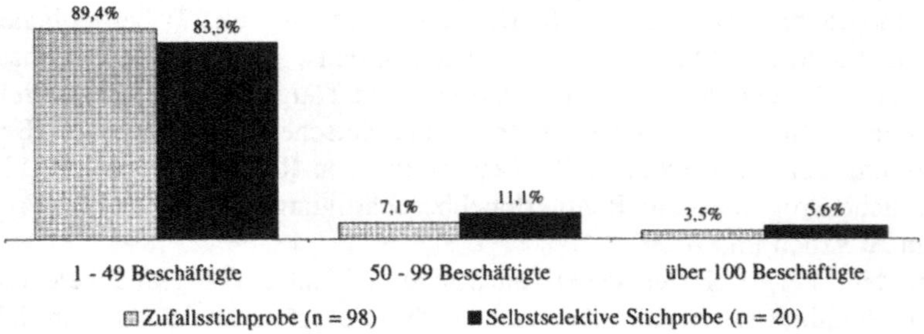

3.2 Zur analytischen Reichweite der empirischen Daten

Der Feldzugang zu Betrieben als Untersuchungseinheiten stellte sich als nicht unproblematisch dar, zumal in der industriesoziologischen Forschung bislang wenig Erfahrung mit standardisierten Repräsentativbefragungen besteht, auf die sich zurückgreifen ließ. Die schließlich aus dem Mitgliederbestand der Industrie- und Handelskammer, der Handwerkskammer sowie der Landwirtschaftskammer zufällig gezogene Regionalstichprobe von insgesamt rund 800 Betrieben repräsentiert zwar die proportionale Verteilung der Arbeitgeber in dieser Grundgesamtheit aller mitgliedschaftlich organisierten Unternehmen, kann aber nicht umstandslos als verkleinertes Abbild der in der amtlichen Sozialstatistik (hier im wesentlichen die im Rahmen der Volkszählung von 1987 gewonnenen und im Mikrozensus fortgeschriebenen Daten der Arbeitsstättenzählung) dokumentierten Gesamtheit aller Wirtschaftseinheiten gelten. Schließlich werden von der amtlichen Statistik zum einen auch Arbeitsstätten der Gebietskörperschaften, Sozialversicherungen, Nicht-Erwerbsorganisationen, freien Berufe und Privathaushalte erfaßt, die aufgrund ihrer mangelnden Organisationszugehörigkeit zu den drei o.g. Kammern nicht in unsere Stichprobe gelangen konnten. Zum anderen werden in der offiziellen Arbeitsstättenzählung Unternehmen, die an verschiedenen postalischen Adressen Betriebsstätten unterhalten, entgegen der Zählpraxis der Mitgliederverbände mehrfach berücksichtigt. Die nachfolgend aufbereiteten Forschungsergebnisse zur betrieblichen Seite des Phänomens RentnerInnenarbeit sind in ihrer empirischen wie analytischen Reichweite daher mit gewissen Einschränkungen behaftet.

Darüberhinaus wollen wir darauf aufmerksam machen, daß insbesondere die interviewten erwerbstätigen RentnerInnen kein repräsentatives Abbild aller von uns in der schriftlichen Befragung ermittelten erwerbstätigen RentnerInnen darstellen. Während kalendarisches Alter und Verrentungszeitpunkte im wesentlichen übereinstimmten (auch mit allen Befragten), wiesen sie größere Abweichungen hinsichtlich der Geschlechterverteilung, der erreichten Schul- und Ausbildungsabschlüsse und damit auch der zur Verfügung stehenden monetären Ressourcen auf. Unsere These, die die erwartete unterdurchschnittliche Interviewbereitschaft von verrenteten erwerbstätigen Frauen erklären könnte, läßt sich möglicherweise generalisieren: Wir vermuten, daß es auch verrenteten, erwerbstätigen Männern schwerer fiel, ihre Berufsbiographie in einem Interviewgespräch zu bilanzieren, sobald ihre Biographie entweder nicht dem subjektiv gültigen Muster einer Normalerwerbsbiographie entsprach oder keine erfolgreiche bzw. als positiv zu deutende Karriere aufwies. Die im Projekt durchgeführte Vorstudie zur Auskunftsbereitschaft zum Thema Arbeit im Ruhestandsalter unterstützt diese Annahme. Auch hier machten vor allem die materiell schlechter gestellten Älteren deutliche Vorbehalte gegenüber unserer Forschungsfrage geltend. Die Thematisierung von Bedürftigkeit, vor allem materieller Art, aber auch nach sozialen Kontakten oder gesellschaftlicher Anerkennung, schien ein Tabu zu sein.

Es drängt sich also die Annahme auf, daß sich durch die freiwillige Teilnahme am Interview eine Gruppe von erwerbstätigen RentnerInnen selektiert hat, die sich tendenziell durch hohe Schulbildung, hohe Berufsqualifikation und damit verbunden einer erfolgreichen Teilnahme am Erwerbssystem auszeichnet, was sich wiederum in den verfügbaren monetären Ressourcen niederschlägt. Dies heißt komplementär, daß durch die Nichtbereitschaft zum Interview eine zweite Gruppe erwerbstätiger RentnerInnen – die der schlecht ausgebildeten mit formal niedrigen Berufsabschlüssen, die dadurch auch im Rentenalter finanziell schlecht gestellt sind – bevorzugt aus unserer Befragung herausgefallen ist.

Insbesondere die nachfolgenden Auswertungen der Interviews gründen sich daher vorrangig – jedoch nicht ausschließlich – auf Aussagen einer Gruppe von erwerbstätigen RentnerInnen, die sich tendenziell durch eine hohe schulische und berufliche Qualifikation, hohes Einkommen sowie einen hohen beruflichen Status auszeichnen. Über die weniger privilegierten, finanziell schlecht gestellten RentnerInnen, die ebenfalls einer Erwerbstätigkeit nachgehen und die in den untersuchten Betrieben durchaus anzutreffen waren, können im Anschluß an die mündlichen Befragungen nur bedingt Aussagen gemacht werden.

4 Strukturelle Kennzeichen erwerbstätiger AltersrentnerInnen

Aus der amtlichen Sozialstatistik, die bislang kein systematisches Interesse hinsichtlich der Erwerbstätigkeit von AltersruhegeldbezieherInnen entwickelt hat, können keine verbindlichen primärstatistischen Aussagen über das Phänomen der RentnerInnenarbeit gewonnen werden. Aber auch die bisher erfolgten sozialwissenschaftlichen empirischen Untersuchungen, in deren Zusammenhang mehr oder weniger gezielt das Ausmaß des Phänomens RentnerInnenarbeit ermittelt wurde, liefern aufgrund verschiedener Stichprobenzuschnitte und Erhebungszeiträume keine klaren Zahlen. So schwanken die errechneten RentnerInnen-Erwerbsquoten zwischen 3 und 4% in der „Berliner Altersstudie" (WAGNER ET AL. 1996), 3,8% bei HELBERGER/SCHWARZE (1986) und 8% bei SCHUMACHER (1988). Dies mag bereits darauf hindeuten, daß die Grenzen zwischen Erwerbsarbeit und Ehrenamt im Alter derart fließend sind, daß es letztlich mit von der Definition von Alterserwerbstätigkeit abhängt, welches quantitative Ausmaß für diese Form der außerfamilialen Tätigkeit im Ruhestand ermittelt wird.

Doch das Phänomen der RentnerInnenarbeit ist nicht nur auf der Ebene der quantitativen Verbreitung weitgehend unklar, auch soziale Lage und persönliche Motive der erwerbstätigen RentnerInnen stellen sich nach den bisherigen Forschungsbefunden (vgl. auch Kapitel 1.1.1) äußerst widersprüchlich dar. So deuten die Forschungsergebnisse von PISCHNER/WAGNER (1992) auf einen starken Zusammenhang zwischen geringer Altersversorgung und hoher Erwerbsaktivität im Ruhestandsalter, während KOHLI ET AL. (1992 und 1993) ihr Deutungsmuster „Rentnerjob" idealtypisch gerade an der Gruppe der materiell gut situierten erwerbstätigen RentnerInnen festmachen. Offenbar bilden diese beiden Untersuchungen jeweils eine Facette des Phänomens der RentnerInnenarbeit ab: einerseits den ökonomischen Zwang, geringe Rentenbezüge durch Erwerbseinkommen aufbessern zu müssen, andererseits die mit dem Rentenbezug gewonnene materielle Unabhängigkeit, die die Ausübung von minderbezahlten Erwerbstätigkeiten überhaupt erst möglich macht.

Anhand unseres eigenen empirischen Materials soll zuerst die empirische Bandbreite des Phänomens RentnerInnenarbeit aus der Sicht der erwerbstätigen RentnerInnen rekonstruiert werden. Auch wir unternehmen dabei den Versuch, die Erwerbsquote der AltersrentnerInnen statistisch zu bestimmen. Einräumen wollen wir jedoch gleich an dieser Stelle, daß eine solche, aus dem Rücklauf einer freiwilligen Befragung gewonnene Zahl nicht zu einer definitiven Aussage über das Ausmaß des Phänomens RentnerInnenarbeit verabsolutiert werden darf. Sie legitimiert eher auf einer augenfälligen Ebene die Berechtigung unseres Forschungsthemas und drückt den Wunsch nach einer künftig genaueren und aber auch weit aufwendigeren Bestimmung der Erwerbsquoten von AltersrentnerInnen aus. Nach der Beschreibung zentraler struktureller Merkmale widmen wir uns dann vor allem den biographischen Aspekten des Phänomens der RentnerInnenarbeit. Getragen wird diese Untersuchung von der Einsicht der neueren Sozialstrukturforschung (vgl. insbesondere HRADIL 1992), daß sich subjektive Lebensstile zunehmend von objektiven Lebenslagen entkoppeln, die Erklärungskraft demographischer Daten damit zunehmend verblaßt. Besondere Aufmerksamkeit wird daher den subjektiven Bilanzierungen vorangegangener Erwerbsbiographien gewidmet, weil wir uns hieraus dezidierte Einblicke in die Motivstrukturen der erwerbstätigen RentnerInnen versprechen. Schließlich gilt es, am Beispiel dieser Arbeitskräfte zu erklären, warum die Mehrheit der älteren Menschen für eine Verlängerung der Erwerbsphase in das Ruhestandsalter hinein offensichtlich nicht zu Verfügung steht.

Die Darstellung der sozialstrukturellen Merkmale von RentnerInnenarbeit erfolgt auf der Basis der von uns erhobenen Daten im Rahmen einer schriftlichen Repräsentativbefragung von 2.000 60- bis 80jährigen Menschen in der bergischen Region der Städte Wuppertal, Remscheid und Solingen. Der Rekonstruktion typischer Erwerbsbiographien und Deutungsmuster erwerbstätiger RentnerInnen liegen die von uns anschließend geführten, leitfadengestützten Interviews mit sechzehn im Erwerbssystem noch aktiven AltersruhegeldbezieherInnen zugrunde.

4.1 Sozialstrukturelle Merkmale von RentnerInnenarbeit

Die von uns durchgeführte Repräsentativbefragung von 2.000 60- bis 80jährigen Menschen erbrachte eine größere Verbreitung erwerbsförmiger Beschäftigung von Menschen im Ruhestandsalter als zunächst vermutet. Insgesamt können 8,7% aller Befragten unseres Samples zur Gruppe der erwerbstätigen Rentnerinnen und Rentner gerechnet werden. Weitere 3,8% waren bereits einmal im Ruhestand erwerbstätig, üben diese Tätigkeiten heute jedoch nicht mehr aus und sind auch an einer neuen, erwerbsförmig organisierten Beschäftigung nicht mehr interessiert. 4,7% aller nicht erwerbstätigen

AltersrentnerInnen wünschen sich hingegen noch eine Erwerbstätigkeit. Rechnet man die in der Stichprobe mitbefragten, regulär Erwerbstätigen (5,3% aller Befragten) heraus, so kann von einer RentnerInnen-Erwerbsquote von rund 10% ausgegangen werden. Die bereits veröffentlichten Erwerbsquoten verrenteter Menschen hatten dagegen nur eine Verbreitung von RentnerInnenarbeit zwischen 2,4% (Mikrozensus 1994) und 8% (SCHUMACHER 1988) erwarten lassen. Das tatsächliche Ausmaß von RentnerInnenarbeit liegt damit in unserem Sample erheblich höher, als bisher angenommen werden konnte. Die unterschiedlichen Zahlen sind im wesentlichen auf divergierende Stichprobenzuschnitte zurückzuführen. So wurden zum Beispiel in der „Berliner Altersstudie“ 70- bis 100jährige Menschen befragt, bei denen die Erwerbsquote naturgemäß geringer ist als bei den von uns befragten 60- bis 80jährigen. Ein gewisser selbstselektiver Effekt zugunster aktiver, vom Thema „Arbeit und Ruhestand“[22] stärker angesprochener Älterer stellte sich mit Sicherheit auch bei unserer Erhebung ein. Dieser Effekt ist am deutlichsten anhand der Geschlechtsdimension nachweisbar. Während der Frauenanteil in der Grundgesamtheit bei 61% lag, beträgt er in der Nettostichprobe nur 55%. Männliche Befragte ließen sich offensichtlich tendenziell eher zur Rücksendung des Fragebogens motivieren.

Unser Nachweis einer derartig hohen Erwerbsquote von AltersrentnerInnen dürfte schließlich auch der Tatsache geschuldet sein, daß bei der Operationalisierung der Forschungsfrage bewußt ein sehr weiter Begriff von Alterserwerbstätigkeit zugrunde gelegt wurde. Er orientiert sich weniger an der objektiven Höhe des erzielten Erwerbseinkommens, noch an der subjektiven Zuordnung der Befragten zur Gruppe der Erwerbstätigen – eine Kategorie, die gerade erwerbstätige RentnerInnen unseres Samples häufig als für sich unpassend empfanden – als vielmehr an der Tatsache, ob in irgendeiner Form persönliche Leistungen für Arbeitsorganisationen[23] erbracht werden. Demnach zählen wir auch solche Tätigkeiten zur RentnerInnenarbeit, die nur unregelmäßig entlohnt werden und bzw. oder von den beschäftigten RentnerInnen nicht als Erwerbsarbeit etikettiert werden.

RentnerInnenarbeit ist nach den Ergebnissen unserer Befragung anders, als es die Forschungsliteratur (vgl. insbesondere PISCHNER/WAGNER 1992, S.108) bislang nahelegte, keine ausschließliche Angelegenheit von Männern. Nach unseren Ergebnissen liegt der Frauenanteil unter den erwerbstätigen AltersruhegeldbezieherInnen bei rund 39%. Die weiblichen Befragten sind überwiegend durch eine reguläre Altersrente abgesichert, nur jeweils einzelne

---

22 Der Fragebogen trug den Titel „Arbeit und Ruhestand in der bergischen Region“

23 Auch diesen Begriff haben wir bewußt weit definiert, um auch solche Bereiche gesellschaftlich organisierter Arbeit abbilden zu können, die dem traditionellen Blick einer sich mehrheitlich als Industriesoziologie verstehenden Arbeitssoziologie eher entgehen. So bildet in unserem Verständnis auch eine Eigentümer-Gemeinschaft, die bestimmte Aufgaben erwerbsförmig organisiert, eine soziale Organisation, in der gearbeitet wird.

wurden über Vorruhestandsprogramme bzw. aufgrund von Berufs- oder Erwerbsunfähigkeit verrentet. Die Tatsache, daß ein Drittel aller Frauen zusätzlich zur eigenen Altersversorgung über eine Hinterbliebenenrente verfügt, deutet zunächst darauf hin, daß bestimmte familiäre Situationen bei Frauen einen stärkeren Ausschlag zugunsten von Altersarbeit geben. Für die im Alter erwerbstätigen Männer konnten solche Zusammenhänge zwischen Familienstand und Erwerbsneigung nicht festgestellt werden. Gleichwohl besteht für Frauen in diesem Lebensalter eine statistisch ohnehin weitaus größere Wahrscheinlichkeit, den (Ehe-)Partner zu überleben. Die hohe Erwerbsquote alleinstehender Frauen darf damit nicht zur Vermutung Anlaß geben, daß ältere Frauen vermehrt aus der familiären Einsamkeit in Erwerbsarbeit fliehen. Vielmehr läßt sich für die gesamte Gruppe der regulären Altersrentnerinnen, in der alleinlebende Frauen die Mehrheit stellen, gerade keine nennenswerte Erwerbsneigung nachweisen.

Die erwerbstätigen RentnerInnen unseres Samples sind im Schnitt 67 Jahre alt und damit knapp 1,5 Jahre jünger als die nicht-erwerbstätigen RuheständlerInnen. Hinter dem statistischen Mittelwert verbirgt sich einerseits ein deutliches lokales Maximum der Erwerbsaktivitäten um das 66. Lebensjahr herum, andererseits streuen die Erwerbstätigen über die gesamte Breite der befragten Altersgruppen vom 60. bis hin zum 80. Lebensjahr (vgl. *Abbildung 12*).

Abbildung 12: Altersstruktur der erwerbstätigen RentnerInnen im Vergleich zur Gesamtpopulation der 60- bis 80jährigen

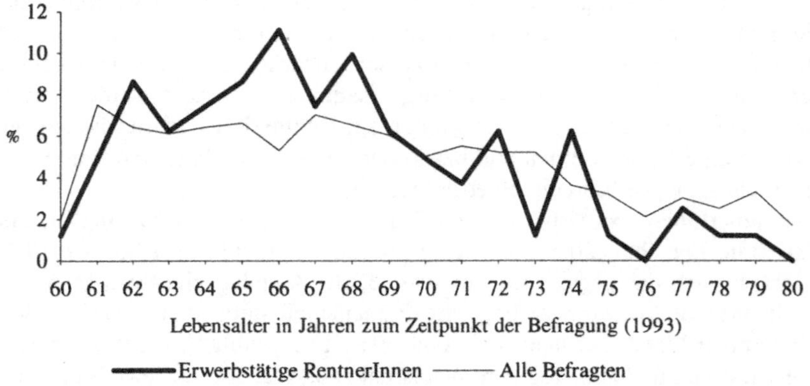

Erwerbstätige RentnerInnen sind häufiger verheiratet oder geschieden als normale AltersrentnerInnen, seltener verwitwet oder ledig. In Bezug auf Haushaltsgrößen und Häufigkeit des Zusammenlebens in Paarbeziehungen bestehen allerdings keine Signifikanzen gegenüber der Vergleichsgruppe. Bei erwerbstätigen RentnerInnen, die mit einem (Ehe-)Partner zusammenleben, treffen wir jedoch auf eine erhöhte Wahrscheinlichkeit, daß der oder die PartnerIn selbst auch noch erwerbstätig ist. Diese Ergebnisse mögen zum einen an die spezifische Altersstruktur der erwerbstätigen RentnerInnen gekoppelt sein, dokumentieren zum anderen aber auch, daß keine einfache Kausalität zwischen familiärer Situation und Erwerbsneigung unterstellt werden kann. Allenfalls findet sich die komplementäre Facette der These von PISCHNER und WAGNER (1992, S. 99) bestätigt, nach der bei (Ehe-)Paaren ein besonderer Wunsch nach Synchronisation der jeweiligen Übergangszeitpunkte in den Ruhestand besteht: Paarbeziehungen wirken offenbar begünstigend auf weitere Erwerbsneigungen nach der Verrentung, solange der oder die andere LebenspartnerIn die reguläre Erwerbsphase noch nicht beendet hat. Insbesondere für die erwerbstätigen älteren Männer kann vermutet werden, daß die Aufnahme einer nachberuflichen, außerhäusigen Aktivität hilft, einem nach dem Ausscheiden aus der Berufsarbeit bevorstehenden Rollentausch bei der Zuordnung familialer Dienstleistungen vorzubeugen.

Die vorangegangenen Erwerbsbiographien der verrenteten Arbeitskräfte weisen im übrigen keine nennenswerten Eigentümlichkeiten hinsichtlich der Wahrscheinlichkeit auf, den Wunschberuf ergriffen, berufliche Wechsel vollzogen oder Erwerbsunterbrechungen in Kauf genommen zu haben. Allenfalls kann eine leichte Tendenz zu höheren Schulabschlüssen und eine erhöhte Häufigkeit von handwerklichen Ausbildungsabschlüssen konstatiert werden. Beides schlägt unmittelbar durch auf die letzte berufliche Stellung vor der Verrentung: Erwerbstätige RentnerInnen rekrutieren sich häufiger aus Selbständigen und FreiberuflerInnen, seltener aus den abhängigen Beschäftigtengruppen der ArbeiterInnen, Angestellten und BeamtInnen. Die unterstellten geringeren körperlichen Belastungen der früheren Berufstätigkeit mögen mit ein Grund dafür sein, daß das Rentenzugangsalter der erwerbstätigen RentnerInnen mit 60,5 Jahren gut ein Jahr über dem durchschnittlichen Verrentungsalter aller Befragten liegt. Offen bleibt jedoch, ob der insgesamt trotzdem vorzeitige Rentenzugang mit Blick auf eine nachberufliche Tätigkeit von den Älteren gezielt herbeigeführt wurde, oder aber RentnerInnenjobs zur Kompensation der zwangsweisen Frühausgliederung aus dem Erwerbsleben aufgenommen wurden.

Während sich sowohl die objektive materielle Ausstattung als auch die subjektive Zufriedenheit mit der finanziellen Lage zwischen erwerbstätigen und nicht-erwerbstätigen RentnerInnen nicht nennenswert unterscheidet, bestehen hinsichtlich der Gesundheitsdimension doch gravierende Abweichungen zwischen diesen beiden Gruppen. Erwerbstätige RentnerInnen fühlen sich überproportional oft sehr gesund und schätzen ihren Allgemeinzustand als überdurchschnittlich ein im Vergleich zu Gleichaltrigen.

Wichtige Motivationsfunktion zur Aufnahme einer nachberuflichen Erwerbsarbeit ist kaum die erwartete Aufbesserung des Renteneinkommens.

Nur 29,5%[24] der erwerbstätigen RentnerInnen schätzen das verdiente Geld als eine wichtige Komponente ihrer Altersaktivität ein, hingegen betonen 65,5% aller regulären Erwerbstätigen den Einkommensaspekt von Erwerbsarbeit. Für 83,6% der erwerbstätigen RentnerInnen steht vielmehr die Tatsache, nachweislich noch gebraucht zu werden, im Vordergrund der Erwerbsneigung. Soziale Kontakte rangieren mit 60,7% aller Nennungen ebenfalls weit vorn. Daß ihnen ohne Arbeit langweilig würde, bestätigt hingegen nur eine Minderheit von 27,9% und widerspricht damit der generellen These, daß RentnerInnenjobs einer Macht der Gewohnheit an Erwerbsarbeit unterliegen.

Zusammenfassend läßt sich sagen, daß RentnerInnenarbeit auf keine typische soziale Gruppe eingegrenzt werden kann. Auffällig ist vielmehr die breite Streuung zentraler demographischer Daten. Insbesondere ist das gesamte Spektrum formaler Qualifikationen nachweisbar. Sowohl mangelnde Qualifikationsnachweise als auch höhere Schul- und Ausbildungsabschlüsse sind bei den erwerbstätigen RentnerInnen repräsentiert. Ebensowenig weist die Gruppe der erwerbstätigen RentnerInnen besonders ungewöhnliche Berufsbiographien und spezifische Einkommensverhältnisse auf. Gegenüber den anderen Vergleichsgruppen weichen die erwerbstätigen RentnerInnen in diesen beiden Dimensionen nicht signifikant ab, und auch hier gilt, daß sämtliche Merkmalsausprägungen vertreten sind. Das heißt, daß sich in der Gruppe der erwerbstätigen RentnerInnen vielschichtige demographische Merkmalskombinationen nachweisen lassen, die bislang nicht auf besonders auffällige Häufigkeiten reduziert werden können. Typisch scheint vielmehr eine große Breite sozialstruktureller Merkmale beschäftigter RentnerInnen zu sein.

Wenn für einen Teil der Befragten angesichts der guten bis sehr guten materiellen Versorgung gilt, daß eine Erwerbstätigkeit eher nicht aus finanziellen Gründen aufgenommen wurde, so korrespondiert dieses Ergebnis zugleich mit der starken Betonung monetärer Aspekte der Altersarbeit durch die finanziell schlechter Gestellten. Verstärkenden Einfluß hat hier die gesundheitliche Situation der Erwerbstätigen. Je besser sich die Befragten körperlich fühlen, umso eher werden sie durch die sozialen und interaktiven Dimensionen zur Arbeit motiviert. Insgesamt heben sich die erwerbstätigen RentnerInnen in ihrer gesundheitlichen Selbsteinschätzung deutlich von ihren AltersgenossInnen ab. Während sich jede/r fünfte „Normal"-RentnerIn zur Gruppe der alten Menschen zugehörig fühlt, kann kaum ein/e erwerbstätige/r RentnerIn mit dieser Selbstetikettierung etwas anfangen. Selbst als „SeniorInnen" wollen diese Menschen mehrheitlich nicht angesprochen werden. In speziellen Freizeitmaßnahmen für ältere Menschen wird man erwerbstätige RentnerInnen deshalb wohl kaum finden. Daß sich nicht nur die erwerbstätigen RentnerInnen von gleichaltrigen „Normal"-RentnerInnen abgrenzen wol-

---

24 Mehrfachnennungen möglich.

len, sondern auch die RuheständlerInnen nicht gerade den Kontakt zu erwerbstätigen Älteren suchen, bestätigte bereits unser Pretest in ausgewählten Senioren-Freizeiteinrichtungen. Ebenso wie die endgültig aus der Erwerbsarbeit Ausgeschiedenen mit dieser Phase ihres Lebens abgeschlossen haben und für Diskussionen über Lebensarbeitszeitverlängerung wenig zugänglich sind, vertreten die erwerbstätigen RentnerInnen selbstbewußt ihren Lebensstil. Mehrheitlich sind sie davon überzeugt, daß der Ruhestand durch Erwerbsarbeit erträglicher wird und RentnerInnenarbeit die Erwerbschancen anderer Beschäftigtengruppen nicht mindert.

Die im Rentenalter ausgeübten Erwerbstätigkeiten sind extrem weit gestreut. Zu finden sind sowohl MitarbeiterInnen jenseits des Rentenzugangsalters, die in ihrem alten Beruf in ihrer alten Firma weiterarbeiten wie auch solche, die eine neue Tätigkeit in einem neuen Betrieb aufgenommen haben. Ein Teil der verrenteten ArbeitnehmerInnen übernahm neue Aufgaben bei dem früheren Arbeitgeber, eine vierte Gruppe kann dagegen die erworbenen Berufsqualifikationen in ein völlig neues Beschäftigungsverhältnis einbringen. Eine fünfte Gruppe hat sich schließlich im Ruhestand selbständig gemacht. Signifikante Unterschiede zwischen den Geschlechtern lassen sich hier nicht feststellen. Damit kann nicht generell behauptet werden, daß sich RentnerInnenarbeit nur im Bereich randständiger Tätigkeiten mit niedrigen Qualifikationsanforderungen und eher monotonen Aufgabenzuschnitten abspielt. Vielmehr übt ein Teil der erwerbstätigen RentnerInnen auch solche Tätigkeiten aus, die eine große inhaltliche Nähe zur bisherigen Berufstätigkeit aufweisen.

Über die Zusammenhänge zwischen den betrieblichen Modellen der Verwertung verrenteter Arbeitskräfte und den individuellen Motiven der erwerbstätigen RentnerInnen soll im Anschluß an die Darstellung der Ergebnisse aus den RentnerInneninterviews und die Bestimmung der betrieblichen Strategien der Rekrutierung von verrenteten Arbeitskräften in Kapitel 8 eingegangen werden. Aus der Perspektive der Beschäftigten jedenfalls stellt sich RentnerInnenarbeit als eine selbstbewußt eingeforderte Teilhabe am Arbeitsleben mit besonderer Bedeutung der sozialen Dimensionen von Erwerbsarbeit dar.

Bis dahin kann festgehalten werden, daß es offenbar wenig Sinn macht, die Heterogenität des Phänomens RentnerInnenarbeit in einen statistischen Durchschnittstypus zu zwängen. Vielmehr muß man konstatieren, daß sich die Bereitschaft, im Ruhestandsalter zu arbeiten, auf der gesamten Bandbreite zwischen ökonomischem Zwang und individueller Selbstentfaltung ansiedeln läßt. Pflichtbesessenheit und puritanisches Arbeitsethos sind genauso anzutreffen wie der Spaß an neuen Aufgaben und die Lust zum Experimentieren mit alternativen Beschäftigungsformen. Die deutliche Ich-Orientierung einer Teilgruppe älterer Menschen ist insofern neu, als daß sie sich keinesfalls einem altersbedingten, eher skurilen Egozentrismus zuschreiben läßt. Vielmehr greifen die erwerbstätigen Alten sehr bewußt eine bislang kollektiv verbindliche soziale Ordnung der strikten Trennung von Arbeit und Ruhestand an und setzen ihr ganz persönliches Konzept von individueller Lebensführung dagegen. Die Gruppe der erwerbstätigen Rentnerinnen und Rentner ist im strengen Sinn also gar keine. Erst im sozialwissenschaftlichen Kontext fügen sich diese ganz individuellen Strategien der eigensinnigen Bewältigung des Ruhestandes zu einem Gruppenphänomen. Die erwerbstätigen Rentnerinnen und Rentner nehmen sich selbst nicht als Angehörige einer solchen, von uns statistisch konstruierten Gruppe wahr. Auf unsere Frage, ob sie zu einem ausführlicheren Interview bereit seien, antworteten viele mit der Bemerkung: „Ja, aber ich bin sicher nicht typisch für meine Generation."

4.2 Fallbeispiele erwerbstätiger RentnerInnen

Im Folgenden sollen die Biographien der von uns interviewten sechzehn RentnerInnen kurz skizziert werden. Sieben der Interviewten (vgl. *Abbildung 13*) haben ihren alten Betrieb mit der Verrentung verlassen und eine neue Erwerbstätigkeit im Ruhestand aufgenommen. Während sechs von ihnen wiederum ein abhängiges Beschäftigungsverhältnis eingingen, hat sich ein Rentner im Ruhestand selbständig gemacht. Die neun übrigen erwerbstätigen RentnerInnen sind auch nach ihrer Verrentung weiterhin beim gleichen Arbeitgeber beschäftigt, zwei Männer dieser Teilgruppe führen ihr eigenes Unternehmen trotz Rentenbezug selbständig weiter. Wir stellen in Kapitel 4.2.1 zunächst die RentnerInnen vor, die nach der Verrentung einen neuen Arbeitgeber gefunden bzw. sich selbständig gemacht haben. In Kapitel 4.2.2 werden diejenigen Alterserwerbstätigen präsentiert, die ihrem Arbeitgeber auch nach der Verrentung noch zur Verfügung stehen bzw. ihre selbständige Tätigkeit trotz Rentenbezug fortführen. Ein tabellarischer Überblick über zentrale Daten der sechzehn Befragten findet sich im Anhang.

4.2.1 Neueinstiege nach der Verrentung

Sechs der von uns befragten RentnerInnen haben nach der Verrentung eine neue Beschäftigung bei einem anderen Arbeitgeber angenommen; ein ehemals abhängig Beschäftigter hat sich mit der Verrentung selbständig gemacht. In allen Fällen spielen – wie noch ausführlich gezeigt wird – bestehende Sozialbeziehungen beim Zustandekommen des neuen Arbeitsverhältnisses eine bedeutsame Rolle. In mindestens fünf Fällen wurde den RentnerInnen unmittelbar von betrieblicher Seite eine Erwerbsmöglichkeit angeboten. Die Arbeitsangebote richteten sich – bis auf eine Ausnahme – jeweils auf die bestehenden beruflichen Qualifikationen und Erfahrungen der Angesprochenen. Die befragte Rentnerin arbeitet als Propagandistin, die Rentner sind als Fahrlehrer, Hausmeister, Aushilfe für Wartungsarbeiten, Klempnermeister, kaufmännischer Mitarbeiter und selbständiger Immobilienmakler tätig.

Abbildung 13: Übersicht über Formen der Beschäftigung der 16 interviewten RentnerInnen

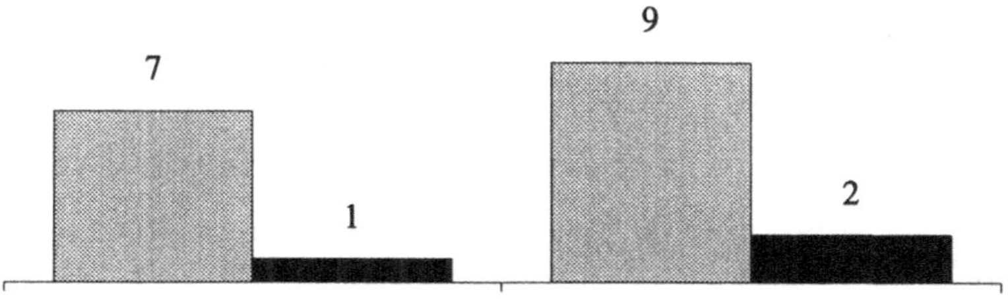

Herr A

Herr A wurde 1926 geboren und wuchs als Sohn eines Großhändlers auf. 1944 wurde er nach dem Notabitur in den Krieg geschickt und geriet ein Jahr später in Gefangenschaft, aus der er flüchtete. Nach seiner Rückkehr in die Heimatstadt wiederholte er zunächst die nicht anerkannten Abiturprüfungen. Als ehemaliger Angehöriger der Waffen-SS wurde er zum gewünschten Lehramts-Studium jedoch nicht zugelassen. Er begann daher aus Mangel an Alternativen eine kaufmännische Ausbildung in einem Lebensmittelgroßhandel. Nach Heirat und Geburt des ersten Kindes im Jahr 1948 trat Herr A noch im selben Jahr seine erste Stelle als Vertreter, später dann als Verkaufsberater in einem Lebensmittelbetrieb an. Die ersten zehn Berufsjahre empfand er als hart. Der Beruf erforderte durch die immer stärkere Verbreitung von Selbstbedienungsläden ständige berufsbegleitende Weiterbildungen, zudem waren täglich weite Anfahrtswege erforderlich. Die Entlohnung dagegen reichte gerade, um die Familie zu versorgen. Ab 1960 arbeitete Herr A daher neben seiner vollen Tätigkeit als kaufmännischer Angestellter abends und am Wochenende ca. 20 Stunden in der Woche als Fahrlehrer. In dieser Arbeit, die näher an seinem ursprünglichen Wunschberuf des Lehrers lag, fand er mehr Erfüllung als in seinem Hauptberuf. Nach einem Herzinfarkt wurde ihm zwar im Lebensmittelbetrieb die Möglichkeit zur Beförderung angeboten, die jedoch an die Aufgabe der Nebentätigkeit gebunden wurde. Herr A entschied sich dagegen und machte sich 1970 mit einer Fahrschule selbständig. 1991 führte ein zweiter Herzinfarkt zur ungeplanten zwangsweisen Berufsunterbrechung und vorzeitigen Übertragung der Fahrschule auf den Sohn. Wenige

Monate später erhielt Herr A die Altersrente. Noch während der Rehabilitationsphase wurde er gebeten, die Leitung einer Fahrschule eines verstorbenen Kollegen für einen begrenzten Zeitraum zu übernehmen, bis der designierte Nachfolger die Qualifikation zur Leitung erreicht habe. Acht Monate lang arbeitete Herr A dort fast Vollzeit, danach reduzierte er die Arbeitszeit kontinuierlich bis hin zur Geringfügigkeitsgrenze. 1994 gab er diese Tätigkeit schließlich völlig auf. Seitdem übernimmt er nur noch sporadisch FahrschülerInnen, die er bei einer befreundeten Fahrschule anmeldet.

Herr F

Herr F wurde 1921 geboren. Nach Abschluß der Volksschule und der daran anschließenden Realschule begann er eine kaufmännische Lehre. 1941 wurde Herr F zur Wehrmacht einberufen und kehrte 1945 aus der Kriegsgefangenschaft in seine Heimatstadt zurück. Da es in seiner alten Firma nach dem Krieg keine Beschäftigungsmöglichkeit mehr für ihn gab, entschied er sich für einen beruflichen Neuanfang und bewarb sich bei der Polizei. Nach einigen Jahren im mittleren Dienst bei der Kriminalpolizei qualifizierte er sich mit 44 Jahren 1965 in einem einjährigen Lehrgang zum höheren Dienst und übernahm schließlich Leitungsfunktionen bei der Kriminalpolizei. Nebenher absolvierte er in Abendkursen die Steuerfachgehilfenprüfung sowie Fortbildungen im Bereich der Bekämpfung von Wirtschaftskriminalität. Nach einem Herzinfarkt mußte Herr F die Berufsausübung im Jahr 1974 für mehrere Monate unterbrechen. Da Herr F aufgrund seines gesundheitlichen Zustands nach amtsärztlichem Untersuchungsbefund für den leitenden Dienst anschließend nicht mehr geeignet war, quittierte er 1976 mit 55 Jahren den Polizeidienst. Ein befreundeter Leiter eines Schleifmittelwerkes bot Herrn F nach der Frühpensionierung zunächst eine kaufmännische Position auf Teilzeit-, schließlich auf Vollzeitbasis an. Erst 1990, im 70. Lebensjahr, entschloß sich Herr F nach einer Kette von schwereren Krankheiten, die Arbeitszeit aus gesundheitlichen Gründen wieder auf halbe Tage zu reduzieren. Gegen den erklärten Willen der Ehefrau arbeitet er auch seit einer weiteren Operation im Frühjahr 1993 heute noch weiter, möchte seine Erwerbstätigkeit jedoch voraussichtlich Mitte 1995 beenden.

Herr J

Der 1923 geborene Herr J verließ 1938 die Volksschule und absolvierte anschließend eine Lehre als Dreher. Er arbeitete in diesem Beruf noch ein Jahr als Geselle, bevor er 1942 als Soldat eingezogen wurde. Nach seiner Rückkehr aus dem Krieg im Jahr 1945 war er zunächst ein halbes Jahr in einer Gewindebohrer-Fabrik beschäftigt, bevor er im Dezember 1945 auf Anfrage der früheren Firma in diese zurückkehrte. Hier arbeitete er zuerst in seinem alten Beruf und lernte nebenbei die Werkzeugschleiferei bzw. Produktionsschleiferei. Später wechselte er innerhalb der Firma in die Arbeitskontrolle und wurde nach dem Ausscheiden des vorherigen Meisters zum Industriemeister ernannt. Diesen Posten bekleidete er 20 Jahre bis zu seiner Verrentung im Jahr 1983. Insgesamt arbeitete Herr J 45 Jahre durchgehend in demselben Betrieb. Drei Jahre nach der Verrentung, im Jahr 1986, übernahm er mit 63 Jahren die Hausmeisterstelle in dem Wohnhaus, in dem er selber mit seiner Frau wohnt. Ursprünglich wollte Herr J nach der Verrentung keine weitere Tätigkeit aufnehmen. Da jedoch damals keine andere Person unter den HausbewohnerInnen zur Verfügung stand, sagte er auf Bitten der Hausverwaltung zu, kleinere Verwaltungs- und Reparaturarbeiten selbst zu übernehmen bzw. die Ausführung zu koordinieren. Die Arbeitszeiten richten sich nach dem anfallenden Bedarf und werden von dem Rentner selbst geregelt. Die Hausmeister-Tätigkeit ist vertraglich abgesichert, so daß Herr J in diesem Rahmen Versicherungsschutz genießt und eine monatliche Vergütung von 175 DM erhält. Gelegentliche Renovierungsarbeiten außerhalb seiner Hausmeisterverpflichtung bekommt er von der Hausverwaltung extra vergütet.

Frau L

Frau L wurde 1925 geboren und besuchte bis 1940 die Volksschule, an die sich ein einjähriges Landjahr anschloß. Da ihr Vater gegen die Wunschberufe Krankenschwester oder Lehrerin votierte, begann Frau L schließlich eine Lehre als Einzelhandelskauffrau, die sie 1944 abschloß. Nach Beendigung der Lehre wurde sie zwischenzeitlich bei der Post dienstverpflichtet, kehrte aber nach dem Krieg zunächst wieder in ihren alten Beruf zurück. Kurz darauf absolvierte Frau L eine weitere Ausbildung an einer Textilfachschule und arbeitete anschließend bis 1949, dem Jahr ihrer Heirat und der Geburt der Tochter. Da der Ehemann eine weitere Berufstätigkeit seiner Frau nicht wünschte, eine chronischen Krankheit der Tochter zudem besonderen Betreuungsaufwand erforderte, unterbrach Frau L ihre Erwerbstätigkeit für 16 Jahre. Nach dieser Zeit nahm sie erst halbtags, später dann wieder ganztägig ihren alten Beruf in der Textilbranche auf. Sie besetzte die Position einer Abteilungsleiterin und war vorwiegend für den Einkauf und die Ausbildung von Lehrlingen verantwortlich. Mit 63 Jahren trat Frau L zunächst in den Ruhestand ein. Nachdem ihr Mann allerdings noch im gleichen Jahr verstarb, kam Frau L auf die Arbeitsangebote seitens einiger Firmenvertreter, mit denen sie früher bereits berufliche Kontakte unterhalten hatte, zurück. Seit dieser Zeit arbeitet Frau L ca. sechsmal im Jahr für jeweils durchgehend zwei Wochen als Verkäuferin und Propagandistin. Ihre Tätigkeit für zwei Bettenfirmen ist über Zeitverträge abgesichert und erstreckt sich auf Verkauf und Kundenberatung. Für diese Aufgaben fährt sie zu Firmenfilialen in ganz Deutschland. Ihr Verdienst addiert sich aus einem festen Tagessatz und dem prozentualen Anteil des Verkaufes.

Herr N

1924 wurde Herr N geboren, der nach dem Abschluß der Volkschule eine Lehre als Elektriker absolvierte und 1942 mit der Gesellenprüfung abschloß. Nach der Rückkehr aus der Kriegsgefangenschaft 1947 nahm er eine Stelle als Elektromonteur im Innen- und Außendienst bei einem Elektrokonzern auf. Diese Tätigkeit erforderte häufige mehrwöchige bis mehrmonatige Montageaufenthalte im Ausland. Innerbetriebliche Schulungen und Weiterbildungen ermöglichten ihm zwar einen kleinen Aufstieg innerhalb der Berufshierarchie, eine verspätet angefangene Ausbildung zum Meister mußte Herr N bedingt durch mehrfache Auslandsmontagen jedoch zunächst unterbrechen und nach einer unfallbedingten Erwerbspause endgültig aufgeben. Als Herr N mit 59 ½ Jahren erfuhr, daß die Firma im Zuge von Rationalisierungsmaßnahmen beabsichtigte, Personal freizusetzen, stellte er einen vorzeitigen Rentenantrag. Dieser wurde aufgrund seines Unfalls und der langen Betriebszugehörigkeit von 40 Jahren gewährt. Nach dem Übergang in den vorgezogenen Ruhestand 1983 übernahm Herr N im Betrieb des Schwagers die gelegentliche Prüfung der elektronischen Anlagen, eine Tätigkeit, die er auch heute nach Bedarf noch ausführt. Zudem bestellte und versorgte er als Rentner drei Jahre lang den Garten seiner Schwägerin. Herr N legt Wert auf die Feststellung, daß er für diese Tätigkeiten keinen finanziellen Ausgleich erhält und sie lediglich als Hobby betreibt.

Herr P

Herr P wurde 1930 geboren. Nach dem Besuch der Volksschule trat er in die Spuren seines Vaters und wurde Klempner und Installateur. Als er 1950 in der Firma inoffiziell erfuhr, daß er zum Arbeitsdienst im Erzbergbau vorgesehen sei, beschloß er spontan, die damalige DDR zu verlassen und flüchtete noch in derselben Nacht in die Bundesrepublik. Nach zwei Jahren Arbeit in der Landwirtschaft und zwei weiteren in einer Schleiferei erhielt er erst 1954 wieder eine Stelle in seinem erlernten Beruf. Nach zehn Jahren wechselte er aus diesem privaten Unternehmen zu einem Stadtwerkebetrieb und zog mit seiner inzwischen gegründeten Familie an den neuen Arbeitsort. In Folge eines 1969 erlittenen schweren Arbeitsunfalls, der ihn für elf Monate arbeitsunfähig machte, überwarf er sich mit seinem Arbeitgeber über die Höhe des Schmerzensgeldes und schied schließlich aus dem öffentlichen Dienst aus. Die arbeitsfreie Zeit nutzte Herr P zur Vorbereitung auf die Meisterprüfung, die er 1970 ablegte. Er fand daraufhin eine neue Beschäftigung bei einer großen Wärmetechnikfirma. Als eine amtsärztliche Untersuchung nach einem erneuten Arbeitsunfall 1984 ergab, daß Herr P zudem einen Hirnschlag erlitten habe, wurde er im Alter von 54 Jahren für berufsunfähig erklärt. Seit 1990 erhält Herr P eine vorgezogene Altersrente. Kurz nach dem vorzeitigen

Ausscheiden aus dem Beruf wurde Herr P von dem Chef eines kleineren Betriebes in Hessen angesprochen, ob er bereit sei, als selbständiger Meister gegen ein Entgelt für die Aufträge dieser Firma verantwortlich zu zeichnen. Bislang hatte Herr P als Beschäftigter seiner Firma diesem ehemaligen Kunden einige Aufträge an Dritte fachlich gegengezeichnet. Da diese Tätigkeit für Herrn P mit einen Zuverdienst zur Rente verbunden ist, entschied er sich, seine Konzession als Meister auch nach der Verrentung zu behalten. Per Post erhält Herr P seitdem die Auftragsangebote des Kleinbetriebes, die er prüft und abzeichnet. Gelegentlich kontrolliert er vor Ort stichprobenartig die Durchführung der Arbeiten.

Herr Q

Herr Q, Jahrgang 1932, beendete zunächst seine allgemeine Schulausbildung mit der mittleren Reife, begann daraufhin ein Musikstudium und erwarb schließlich die Qualifikation eines Musiklehrers. Da zu Beginn der Fünfziger Jahre jedoch kein Bedarf an Musiklehrern bestand, wurde Herr Q mit 21 Jahren arbeitslos. Er entschloß sich daher, eine Lehre als Schlosser und Dreher zu absolvieren. Durch diese Tätigkeit verlor Herr Q die notwendige Übung an seinem Musikinstrument und gab seinen Berufswunsch des Pianisten auf. Über den zweiten Bildungsweg und in Abendschulkursen erlernte Herr Q nach der gewerblichen Ausbildung den Beruf des Maschinenbauingenieurs. Daran schloß sich eine Zusatzausbildung als Refa-Ingenieur sowie ein zweijähriges Studium der Betriebswirtschaft an einer Technischen Akademie an. Mit 28 Jahren beendete Herr Q seine Berufsausbildung und erhielt seine erste Stelle 1960 in einem metallverarbeitenden Betrieb in der Arbeitsvorbereitung. Da ihm diese Tätigkeit jedoch mißfiel, kündigte er nach 2 ½ Jahren. Daraufhin nahm er eine neue Stelle in der Kostenrechnung eines Großunternehmens an, die er 7 ½ Jahre behielt. Trotz seiner einstigen Kündigung wechselte Herr Q anschließend wieder zu seiner Lehrfirma, da diese ihm ein finanziell äußerst lukratives Angebot als technischer Leiter der Fertigung in der Metallverarbeitung anbot. 3 ½ Jahre später gab er diese Stelle aufgrund der bestehenden Abneigung gegen diese Arbeit wieder auf und wechselte erneut in einen anderen Betrieb, in dem er die Stelle des Betriebsleiters bzw. Geschäftsführers der technischen Abteilung übernahm. Als er feststellte, daß dieser Betrieb eine Zweigstelle eines Großkonzerns war und nach seiner Einschätzung als reines Abschreibungsgeschäft fungierte, wechselte er abermals die Stelle. Diese neue Stelle, die in der Marketingabteilung einer Firma angesiedelt war, bezeichnet er nachträglich als seinen Traumjob. Hier blieb er 18 Jahre, bis zum Zeitpunkt seiner Verrentung. Da es immer schon sein Wunsch war, mit 58 aus dem fremdbestimmten Arbeitsleben auszuscheiden, handelte er mit seiner Firma ein privates Abkommen aus, welches ihm ermöglichte, mit 57 ¾ Jahren in den Ruhestand zu treten und alle

Lohn- und Versicherungsleistungen bis zum 60. Lebensjahr im voraus zu erhalten. Dieses Abkommen wurde von der Firma mitgetragen, da Herr Q nach eigenen Angaben wegen seiner häufigen Abwesenheit – bedingt durch betrieblich finanzierte Schulungen und Seminare in seinem Amt als Schwerbehindertenvertrauensmann – der Firma mehr Kosten als Nutzen einbrachte. Das Amt des Schwerbehindertenvertrauensmannes übernahm er schon während seiner Arbeitstätigkeit, mitbedingt durch seine eigene, über verschiedene Operationen hervorgerufene Behinderung. Auch bekleidete er während seines Arbeitslebens zeitweise das Amt des Sprechers des Wirtschaftsausschusses des VDI. Nebenbei verdiente Herr Q immer auch mit Musik etwas dazu. Neben der Leitung einer Big Band und dem Schreiben und Verkauf von Noten betätigte er sich als Alleinunterhalter, was er heute, nach der Verrentung, auch noch macht. In den letzten Jahren seiner Arbeitstätigkeit betätigte Herr Q sich vermehrt in der Immobilienbranche. Als Rentner kaufte er sich schließlich in die US-amerikanische Immobilien-Firma seiner Freunde ein, in der er heute noch sehr aktiv ist. Etwa viermal im Jahr fliegt Herr Q zu Geschäftszwecken nach Texas. Zusätzlich fungiert er als Sachverständiger für Philatelie und Postgeschichte, was ihn derzeit zeitlich viel in Anspruch nimmt, aber auch ein zusätzliches Einkommen ermöglicht. Seine frühere Funktion als Schwerbehindertenvertrauensmann hat er nach der Verrentung ausgebaut, so daß er derzeit des öfteren Seminare oder Referate abhält. Aufgrund seiner vielen Tätigkeiten ist Herr Q heute teilweise mehr als acht Stunden täglich beschäftigt, empfindet diese Arbeit aber als befriedigend, da sie ihm Freude bereitet und unter keinem äußeren Zwang steht.

4.2.2 Weiterarbeit trotz Verrentung

Bei den folgenden neun Interviewten handelt es sich um Beschäftigte, die nach der Verrentung in ihrer ehemaligen Firma weiterbeschäftigt werden. Zwei der verrenteten Männer führen dabei als Selbständige ihren eigenen Betrieb weiter. Bei einem weiteren Rentner handelt es sich um einen Seniorchef, der formal allerdings nicht mehr Eigentümer seines Betriebes ist. Die beiden Rentnerinnen sind als Pförtnerin und kaufmännische Aushilfskraft beschäftigt, die Rentner sind als Buchhalter, technische Berater, Designer, Berater der Geschäftsleitung, selbständiger Ingenieur und selbständiger Orthopädiemeister tätig.

Herr B

Herr B wurde 1928 geboren. Seine Schulzeit endete 1945 mit dem Notabitur und führte zur Einberufung als Soldat. Nach dem Krieg wurde er in der sowjetisch besetzten Zone aufgrund der früheren Zugehörigkeit zur Hitler-Jugend nicht zum Studium zugelassen, sondern verbrachte zunächst drei

Jahre in der Landwirtschaft. 1948 flüchtete er in den Westen und erhielt eine erste Anstellung in einer französischen Firma als technischer Angestellter. Bis 1950 war Herr B in Paris und im Saarland tätig, um anschließend ein Ingenieurstudium aufzunehmen. Nach dessen Abschluß kehrte er 1954 in dieselbe Firma im Saargebiet zurück, wo er 1 ½ Jahre im Bereich der Planung und Projektierung arbeitete. Nach einigen kürzeren Anstellungen wechselte Herr B 1964 zu einer Fahrzeugbaufirma, in der er im Laufe der 14 Jahre seiner Beschäftigung erst zum Oberingenieur, später zum Direktor aufstieg. 1977 verließ Herr B diesen Betrieb, der ihm nach dem Aufkauf durch ein Stahlunternehmen *„zu groß geworden“* war, zugunsten einer Stellung als stellvertretender Geschäftsführer eines Maschinenbaubetriebes. Hier war Herr B verantwortlich für die Vertriebs- und Entwicklungsaufgaben sowie für die Betreuung der Auslandsgesellschaften der Firma. Obwohl in der Firma die Möglichkeit bestand, ab dem vollendeten 60. Lebensjahr einen gleitenden Ausstieg aus dem Erwerbsleben durch kontinuierlichen Arbeitszeitabbau zu praktizieren, machte Herr B entgegen seiner ursprünglichen Absicht hiervon jedoch keinen Gebrauch. Seit seiner regulären Verrentung 1991 ist Herr B vielmehr weiterhin als Berater für technische Planung und vertriebliche Probleme in seiner alten Firma tätig. Anfänglich vertrat er das Unternehmen sogar noch in Gerichtsprozessen. Die Arbeitszeit reduzierte sich von anfangs 50 bis 60 Stunden monatlich nach einem ¾ Jahr auf 30 Stunden. Inzwischen, 2 ½ Jahre nach der Verrentung, ist Herr B noch ca. 10 Stunden im Monat für die Firma im Einsatz, wobei er Wert darauf legt, daß dies freiwillig und unentgeltlich geschieht. Er ist zum zweiten Mal verheiratet, hat insgesamt 4 Kinder. Die erste Ehe war an der häufigen Abwesenheit, die durch viele beruflich motivierte Auslandaufenthalte bedingt war, gescheitert.

Herr C

Herr C wurde 1924 in Ostdeutschland geboren und mußte nach der Schulzeit und dem sogenannten Notabitur als Soldat in den Krieg. Nach Kriegsende mußte er zunächst die Abiturprüfungen wiederholen, um sodann ein Bergbaustudium aufnehmen zu können. Nach vier Jahren trat er seine erste Anstellung in einer Firma für Rohstofftechnik an. 2 ½ Jahre später wechselte er in den Außendienst einer Hamburger Firma für Industrieanlagenbau im Bereich Zement und Staubtechnik, wo er 15 Jahre beschäftigt blieb. 1973 wurde er entlassen, nachdem er nach eigenen Angaben Produkte der Firma kritisiert hatte, um dem Betrieb eine von ihm entwickelte Erfindung als Verbesserungsvorschlag zu verkaufen. Da die Chancen für eine Neueinstellung im Alter von 48 Jahren gering waren, machte er sich nach einigen Monaten schließlich selbständig. Seither ist Herr C mit wechselndem Erfolg als freiberuflicher Ingenieur vor allem im Bereich der Feinstaub- und Abgasreinigungstechnik tätig. Im Lauf der Zeit hat er seine Aktivitäten auf den gesamten Bereich der Müllentsorgung und Altlastenbeseitigung ausgedehnt. Er ist seit ca. zehn Jahren vor allem als freier Erfinder tätig, dabei seit der Wiedervereinigung verstärkt in den neuen Bundesländern. Trotz vielfältiger Aktivitäten stagniert bzw. sinkt jedoch seine Auftragslage. Seit 1989 bezieht er Altersrente aus seiner Angestelltenzeit und späteren freiwilligen Einzahlungen. Er sieht seine Aufgabe vor allem als ideelle Aufbauarbeit und als Hilfe für andere Arbeitslose, die er gelegentlich als Mitarbeiter beschäftigt. Die Arbeit ist für ihn Lebensaufgabe, die sich aus der Kritik an bestehenden Verhältnissen und der Überzeugung speist, bessere technische Lösungen anzubieten zu haben. Er hat noch große Pläne und hofft auf den Durchbruch und damit die Anerkennung, die ihm bisher seiner Überzeugung nach unverdientermaßen vorenthalten geblieben ist.

Herr D

1927 wurde Herr D in einer Kleinstadt am Niederrhein als Kind einer alleinerziehenden Mutter geboren. Nach dem Besuch der Volksschule began er mit 14 Jahren eine kaufmännische Lehre, die er 1944 abschloß. Direkt nach der Prüfung erfolgte die Einberufung ins Wehrertüchtigungslager, anschließend Arbeitsdienst und Militär. Mit siebzehn Jahren geriet Herr D Ende 1944 in amerikanische Gefangenschaft. Nach zwei Jahren wurde er zunächst für ein halbes Jahr in einem französischen Minenräumkommando, anschließend in der Landwirtschaft im Elsaß eingesetzt. Weihnachten 1948 erhielt er seinen ersten Urlaub, aus dem er nicht wieder zum Arbeitsdienst zurückkehrte. Stattdessen fing er sofort wieder bei seiner Lehrfirma an zu arbeiten. Durch die Zusammenlegung von zwei Betrieben wechselte er 1952 den Wohnort. 1955 stieg er zum Abteilungsleiter auf, wodurch er jedoch verpflichtet war, Außendienste zu übernehmen. Als er sich darüber 1959 mit dem Chef überwarf, wechselte er kurzentschlossen die Stelle. Er begann als Angestellter bei der Sparkasse eine Tätigkeit, die ihm wegen des Kontakts mit Menschen und der gebotenen sozialen Absicherungen gut gefiel. Mit Hilfe von Lehrgängen gelang ihm zudem ein innerbetrieblicher Aufstieg, der zu einer Versetzung in eine Großstadt-Filiale führte. Erneute Differenzen mit einem Vorgesetzten endeten 1970 jedoch mit einem weiteren Wechsel zurück in ein kleinstädtisches Kreditinstitut. Dort erhielt Herr D die stellvertretende Leitung der Sparabteilung, bis ihn eine schwere Krankheit 1974 zu einer 1½jährigen Pause zwang. Diese Krankheit ermöglichte ihm 1987 den vorzeitigen freiwilligen Übergang in den Ruhestand. Bereits 1969 hatte Herr D eine Nebentätigkeit als Buchhalter in einer Gärtnerei begonnen, wodurch ein freundschaftliches Verhältnis zu dem Besitzer entstanden war. Daher führte Herr D diese Nebenbeschäftigung auch nach der Verrentung noch fort, baute sie zwischenzeitlich sogar aus. Die normale Arbeitszeit von ca. 15 Stunden in der Woche dehnte er in der Saison bis auf 70 bis 80 Stunden aus, wobei er alle möglichen anfallenden Arbeiten übernahm und den Chef auch beim Großeinkauf begleitete. Als Herrn D die Arbeit nach vier Jahren zuviel wurde, reduzierte er sie in Absprache mit dem Geschäftsführer wieder auf die Buchführung. Inzwischen hat er die Beschäftigung auf ca. 18 bis 15 Stunden monatlich begrenzt, genau kann er dies nicht sagen, da er nach Bedarf arbeitet.

Herr E

Herr E, 1930 geboren, besuchte zunächst die Volksschule. Nachdem er die gewünschte Ausbildung zum technischen Zeichner kriegsbedingt nach wenigen Monaten abbrechen mußte, begann Herr E eine Lehre als Schlosser in einem großen Stahlwarenwerk. Nach Abschluß der Lehre arbeitete er bis 1947 zwei weitere Jahre in dem Betrieb, um anschließend in verschiedenen anderen Firmen anzufangen und sich dort weiterzuqualifizieren. Ab 1954 besuchte er dann eine Metallfachschule für Technik und Gestaltung, wo er einen Lehrgang zum Maschinenbautechniker absolvierte. Anschließend wechselte er in eine Messerklingenfabrik, in der er nach vier Jahren zum Betriebsleiter aufstieg. Als die Firma 1960 aufgelöst wurde, kehrt Herr E zurück in seinen alten Lehrbetrieb, wo er eine Stelle als Fertigungsleiter annahm. In den folgenden zehn Jahren versuchte er, den Betrieb, in dem bis dahin vor allem manuell gefertigt wurde, in ein Industrieunternehmen umzurüsten. Als es nach einem Eigentümerwechsel zu Unstimmigkeiten zwischen ihm und der neuen Betriebsleitung kam, erhielt er auf Vermittlung der ehemaligen Eigentümer 1970 eine Stelle als Betriebsleiter in einem kleineren metallverarbeitenden Betrieb. Dort war er beruflich sehr zufrieden, weil er dort seine kreativen und zeichnerischen Fähigkeiten zum Entwurf von Sammlermessern einsetzen konnte. Herr E war auch in diesem Betrieb maßgeblich daran beteiligt, die Serienproduktion weitgehend auf maschinelle Fertigung umzustellen. Auf Betreiben der Ehefrau entschloß sich Herr E im Jahr 1993, in den Vorruhestand zu gehen. Dieser Entschluß kam allerdings für die Firmenleitung, die mit ihm länger gerechnet hatte, sehr überraschend. Da Herr E für die Entwürfe der Sammlermesser weitgehend alleinverantwortlich war, die Produktion daher stark von seiner Arbeit abhing, bat ihn die Firmeneigentümerin, wenigstens diese Tätigkeit im Ruhestand beizubehalten. Seitdem ist vertraglich festgelegt, daß Herr E mit seinen Messerentwürfen weiterhin bis zum vollendeten 65. Lebensjahr exklusiv der Firma zur Verfügung steht. Im Rahmen eines geringfügigen Beschäftigungsverhältnisses ist er seither ca. 20 Stunden im Monat tätig, zudem steht er der Firma weiterhin als technischer Berater zur Seite.

Frau G

Die 1933 geborene Frau G wuchs auf dem Land in Thüringen als Kind eines selbständigen Handwerkers auf, wo sie die Dorfschule besuchte. Die Kindheit im Krieg erlebte sie als sehr belastend und sieht in ihr eine mögliche Ursache für ihre späteren Depressionen. Da der Vater die fünf Kinder nach dem Krieg nicht ernähren konnte, wurde Frau G zunächst für 1 ½ Jahre in den Harz zur Arbeit in die Landwirtschaft geschickt. Die anschließend aufgenommene Ausbildung zur Schneiderin mußte Frau G bereits im Alter von 18 Jahren wieder abbrechen, da ihr die Pflege der krebskranken Mutter aufgetragen wurde. Auch nach dem Tod der Mutter hatte Frau G auf Wunsch des Vaters weiterhin den Familienhaushalt zu führen. Mit der erneuten Heirat des Vaters entschloß sich Frau G, die Familie Ende 1953 zu verlassen und zu Verwandten nach Westfalen zu ziehen. Nach einigen Beschäftigungsverhältnissen im Haushalt fand sie zunächst eine Anstellung in einer Näherei. Dort wurde sie jedoch nach knapp zwei Jahren wieder entlassen. Einige Monate arbeitete sie anschließend in einer Zigarrenfabrik am Fließband, bis sie 1959 zu einem Chemiekonzern ins Rheinland wechselte. Dort war Frau G 10 Jahre beschäftigt, bis sie 1969 zu ihrem Mann nach Wuppertal zog. Sie nahm nun eine Teilzeittätigkeit bei derselben Bank auf, in der ihr Mann als Hausmeister beschäftigt war, wodurch sich die Möglichkeit ergab, die 1970 geborene Tochter wechselseitig zu betreuen. 1975 verlor Frau G im Zuge einer Entlassungswelle allerdings diese Stelle. Nach einigen Monaten der Arbeitslosigkeit fand sie zunächst nur eine versicherungsfreie Tätigkeit bei einem Hersteller von Feuerwerkskörpern. Etwa vier Jahr tütete sie dort Prospekte ein. Im Anschluß daran war sie sechs Jahre ebenfalls versicherungsfrei auf Abruf in einem Konfektionshaus beschäftigt, gab diese Stelle jedoch auf, um ihren zwischenzeitlich erkrankten Mann zu pflegen. Weil sie nach eigener Aussage ohne Arbeit depressiv werde, versuchte Frau G nach der Pflegephase erneut, eine Teilzeitbeschäftigung zu bekommen, was ihr im fortgeschrittenen Alter und ohne formale Berufsqualifikation aber nicht gelang. Auf Vermittlung ihrer Tochter erhielt sie 1990 schließlich eine Stelle als Aushilfspförtnerin in einem Altenheim in kirchlicher Trägerschaft. Im Rahmen eines geringfügigen Beschäftigungsverhältnisses arbeitet sie dort zwischen drei und maximal zwölf Stunden in der Woche. Davon sind drei Stunden an einem Tag festgelegt, zusätzlich springt sie nach Bedarf ein. Da Frau G kontinuierlich als arbeitssuchend gemeldet gewesen war, bezieht sie seit 1993 Altersrente, ihre Aushilfstätigkeit führt sie allerdings neben dem Rentenbezug fort.

Herr H

Herr H, Jahrgang 1922, besuchte nach der Volksschule das Realgymnasium und bezeichnet seine Kindheit als sehr glücklich. 1941 wurde er nach dem Notabitur zum Militär eingezogen und kehrte erst 1947 nach drei Jahren Kriegsgefangenschaft zurück nach Hause. Den ursprünglichen Plan, Arzt zu werden, gab er aufgrund der schlechten Studienmöglichkeiten auf und begann stattdessen eine zweijährige kaufmännische Ausbildung in der Maschinenbaufirma eines Verwandten, dessen Betrieb er später übernehmen sollte. Als der Seniorchef nach zwanzig Jahren starb, wurde das Versprechen, als Teilhaber einsteigen zu können, jedoch nicht eingelöst. Kurzentschlossen verließ Herr H daher den Betrieb und began als Angestellter in einer anderen Maschinenbaufirma im Sauerland. In diesem Betrieb leitete er seit 1971 einen Fabrikationszweig, der eine Vielzahl von Auslandsaufenthalten erforderte. Mit der Firma handelte Herr H aus, daß er diesen Geschäftsbereich selbständig führen und auf Provisionsbasis arbeiten konnte. Bis 1991 blieb sein Gewerbe als selbständiger Subunternehmer angemeldet, obgleich er schon seit 1987 Altersrente bezog. In diesen knapp fünf Jahren war Herr H mehr als 60 Stunden in der Woche beschäftigt. Seit zwei Jahren arbeitet er nun nur noch nach Bedarf als Berater für die Firma, wobei er etwa 20 Stunden im Monat aufwendet. Zudem übersetzt er zur Zeit auf Provisionsbasis ein Handbuch für den Betrieb.

Frau K

1916 wurde Frau K geboren. Nach der Volksschule besuchte sie zunächst ein Lizeum, das sie auf Drängen des Vaters wegen weltanschaulicher Differenzen in der Obersekunda verließ, und wechselte in ein katholisches Mädcheninternat. Nach dem Abitur konnte sie ihren Berufswunsch, Lehrerin zu werden, nicht verwirklichen, da sie als Absolventin einer katholischen Schule in der NS-Zeit nur einen Studienplatz in Oberschlesien erhielt. Stattdessen begann sie eine Ausbildung an einer kaufmännischen Privatschule. In dieser Zeit lernte sie die Leiterin eines parteiangehörigen Kindererholungsheims in Ostwestfalen kennen und erhielt nach Beendigung der Ausbildung eine Stelle als Erzieherin. Gelegentlich übernahm sie dort auch Büroarbeiten. In dem Heim lernte Frau K ihren späteren Mann kennen, der als Jungvolkführer ebenso mit Erziehungsaufgaben betraut war. Als Frau K schwanger wurde, mußte sie heiraten und ihre Berufstätigkeit aufgeben. Bereits 1939 wurde ihr Ehemann zur Wehrmacht eingezogen. Im gleichen Jahr wurde auch der erste Sohn geboren, 1943 und 1945 folgten noch zwei weitere Kinder. Um sich in der Kriegs- und Nachkriegszeit zu versorgen, zog die Familie zu den Schwiegereltern, die ein Haus mit großem Garten besaßen. Ende 1945 kehrte der Ehemann aus der Kriegsgefangenschaft mit einer psychischen Erkrankung zurück, von der er sich nicht mehr erholte. Nach anfänglichen Schwierigkeiten, überhaupt eine Arbeitsstelle zu finden, wurde er von Freunden als Lagerverwalter einer Lebensmittelgroßhandlung beschäftigt. Nebenher betrieben die Eheleute eine Hühnerfarm mit 300 Hühnern, deren Eier Frau K täglich zum Verkauf herumfuhr. Als sie 1972 den Farmbetrieb aufgaben, sah sich Frau K nach einer neuen bezahlten Beschäftigung um, was sich aufgrund ihres Alters jedoch schwierig gestaltete. Nach einem Versuch als Staubsaugervertreterin wurde ihr von ihrem Sohn, der die Filiale einer Bausparkasse leitete, eine Stelle angeboten. Nach dem Besuch einiger Schulungen wurde sie 1973 schließlich Kundenberaterin. Im selben Jahr starb der Mann von Frau K. Bis 1982, als sie mit 65 Jahren ihre Altersrente in Anspruch nahm, arbeitete Frau K 40 Stunden in der Woche in der Bausparkasse. Danach reduzierte sie ihre Stundenzahl peu-a-peu. Seit drei Jahren erledigt sie nur noch an einem Nachmittag in der Woche und zusätzlich nach Bedarf Postausgänge und ähnliche leichte Tätigkeiten.

Herr M

Herr M wurde 1918 noch vor Ende des ersten Weltkriegs als Sohn eines Bauunternehmers geboren. Nach der Grundschule besuchte er anschließend ein Realgymnasium, das er 1935 mit dem Abschluß des Einjährigen verließ. Er absolvierte zunächst eine Lehre als Maurer in einem fremden Bauunternehmen in Münster und besuchte anschließend die dortige Staatsbauschule. Nach einem Studienortwechsel legte er 1939 sein Examen ab. Kurz darauf wurde er zum Kriegsdienst eingezogen und geriet 1945 in russische Gefangenschaft. Aufgrund nicht ausgeheilter Kriegsverletzungen und Unterernährung wurde er 1946 entlassen und kehrte zu seiner Frau zurück, die er während des Krieges 1943 geheiratet hatte. Nach einigen Monaten der Genesung fand er zunächst eine Stelle an einem städtischen Bauamt. Wenig später mußte er diese Tätigkeit jedoch wieder aufgeben, da bei ihm eine Tuberkulose festgestellt wurde. Diese Krankheit beeinträchtigte seine Berufstätigkeit in den folgenden zehn Jahren. Nach dem Tod seiner Mutter 1949 zog Herr M zurück in seine Heimatstadt, um den Vater beim Wiederaufbau des ausgebombten Baubetriebes zu unterstützen. Als 1954 auch der Vater starb, waren in dem Unternehmen bereits wieder 50 bis 60 Leute beschäftigt. Herr M, der nun selbst die Firma führte, mußte sich 1957 – unmittelbar nach der Geburt der dritten Tochter – einer schweren Operation unterziehen, die ihn in einer wirtschaftlich angespannten Lage zu einer dreivierteljährigen Berufspause zwang. In den nächsten Jahren erholte sich das Geschäft jedoch wieder von den erlittenen finanziellen Einbußen. 1967 stieg zunächst die älteste, kaufmännisch ausgebildete Tochter in das Unternehmen ein, 1975 folgte die zweite nach einem Studium zur Diplom-Ingenieurin, und auch die dritte Tochter fing nach der Ausbildung in der elterlichen Firma an. 1986 schließlich übergab Herr M jeder Tochter einen Geschäftsanteil von 30%. Zu dieser Zeit reduzierte er seine Arbeitszeit auf vier Stunden vormittags. 1993 verteilte er auch seinen verbliebenen Eigentumsanteil zu gleichen Teilen an die Töchter. Seitdem arbeitet er in einem vereinbarten Zeitrahmen vor allem im Bereich der Kalkulation weiter, bezieht aber auf eigenen Wunsch kein Geld mehr von der Firma. Neben den ca. sechzehn Wochenstunden in der Firma kümmert er sich um die Hausverwaltung seiner zahlreichen Immobilien, die er als Altersvorsorge gebaut und vermietet hat.

Herr O

Herr O wurde 1926 geboren und begann nach dem Besuch der Volksschule 1940 eine Ausbildung zum Orthopädiemechaniker. Nach 2 ½ Jahren wurde er noch vor Abschluß der Lehre zum Arbeitsdienst, anschließend zum Militär einberufen. Nach der Entlassung aus der Gefangenschaft zog er 1945 erst zu seiner Familie nach Niedersachen, kehrte später aber gemeinsam mit ihnen in seine Heimatstadt zurück, wo die Familie ihre alte Wohnung instandsetzte. Gleichzeitig beendete er seine unterbrochene Lehre. Nach der Gesellenprüfung gab er die Berufsarbeit zunächst auf, da ihn die Wiederaufbauarbeiten am elterlichen Haus zu sehr in Anspruch nahmen. Erst 1950 ergriff er wieder seinen erlernten Beruf. 1955 wechselte er zu einem anderen Sanitätshaus mit orthopädischer Werkstatt und legte dort seine Meisterprüfung ab. Herr O war fortan als Werkstattleiter beschäftigt. Zwischendurch unterbrach er dieses Beschäftigungsverhältnis, um sich zwei Jahre in der orthopädischen Forschung und Entwicklung weiterzubilden. Als der Betrieb verkauft wurde, wurde Herr O in seiner Funktion als Handwerksmeister für die Zulassung des Gewerbes durch den branchenfremden Eigentümer gebraucht. Mit dem neuen Firmenchef überwarf sich Herr O jedoch nach zwei Jahren, so daß er sich entschied, das Unternehmen zu verlassen und sich selbständig zu machen. Nach einer weiteren Ausbildung zum medizinischen Fußpfleger eröffnete er 1979 sein eigenes Geschäft, das er bis heute mit inzwischen 16 MitarbeiterInnen führt. Seit 1991 bezieht Herr O Rente, dennoch ist er nach wie vor voll berufstätig.

5 Deutungsmuster und Motive erwerbstätiger RentnerInnen

Bereits in der schriftlichen Befragung hatte sich gezeigt, daß es die „typische" RentnerInnenarbeit nicht gibt. In den anschließenden, leitfadengestützen Gesprächen bestätigte sich dieses Bild. Obschon – wie oben aufgezeigt – die von uns interviewten RentnerInnen nur eine Auswahl darstellen, bedeutet dies keine Einschränkung bezüglich der Bandbreite der Arbeitsbereiche oder der Beschäftigungsverhältnisse. Auch hier variieren RentnerInnen-Jobs von ungelernten Aushilfstätigkeiten bis hin zu hochqualifizierten Arbeiten, die eine besondere Spezialisierung erfordern. Ebenso lassen sich keine typischen Branchen erkennen, in denen sich RentnerInnenarbeit vornehmlich entfaltet. Unsere InterviewpartnerInnen sind allein in sieben verschiedenen Branchen tätig. Lediglich mit in der Landwirtschaft sowie in Gebietskörperschaften und Sozialversicherungen tätigen RentnerInnen konnten wir nicht sprechen, weil sich hier keine Interviewwilligen fanden.

Ebensowenig, wie sich die „typische" RentnerInnenarbeit ausmachen läßt, kann ein „typischer" Erwerbsverlauf, an dessen Ende mit vorhersagbarer Wahrscheinlichkeit die Arbeit im Rentenalter steht, nachvollzogen werden. Offensichtlich ist, daß die Mehrzahl der vorgefundenen Erwerbsverläufe nicht der Vorstellung von einem geradlinigen „Normallebenslauf" entsprechen und je nach individueller Ausgangslage und sozialen Chancen stark voneinander abweichen. Große Gemeinsamkeiten bestehen zweifelsohne hinsichtlich der Konfrontation mit und der Bewältigung von strukturellen Bedingungen, die allerdings typisch für die gesamten Geburtskohorten der von uns untersuchten Jahrgänge 1913 bis 1933 sind. Zu diesen gehören die beruflichen Einschränkungen durch den Krieg einerseits, die Chancen, in der Nachkriegszeit auch ohne formale Qualifikation zu leitenden Stellen zu gelangen, andererseits. Darüberhinaus lassen sich starke geschlechtsspezifische Gemeinsamkeiten in den Lebensläufen erkennen, die aber auch wiederum für die gesamte Gruppe der heute älteren Menschen – und weit darüberhinaus – gelten. So kulminiert die für Frauen typische Verschränktheit zwischen familiären und beruflichen Aufgaben in extrem diskontinuierlichen Erwerbsverläufen, die mit einer Vielzahl von beruflichen Rückschritten verbunden sind.

Trotz der bereits in der schriftlichen Befragung festgestellten Normalität brüchiger weiblicher *und* männlicher Erwerbsverläufe ist jedoch auffällig, daß den meisten Interviewten der Normallebenslauf weiterhin als Orientierungsschema dient, mit dem die eigene Biographie ständig abgeglichen wird (vgl. so auch KOHLI 1989b). Während die interviewten Frauen Zeiten der Erwerbslosigkeit selbst ansprachen, verschwieg ein Großteil der Männer berufliche Ausfallzeiten zunächst. Erwerbsunterbrechungen wurden auf Nachfragen entweder schnell übergangen oder als unfreiwillig und bewältigt erklärt. Scheinbar modellieren vor allem die Männer ihre brüchigen Biographien entlang eines fiktiven Normalerwerbsverlaufs, der als Interpretationsfolie in hohem Maße verbindlich bleibt, während die Frauen gerade die aus der Doppelorientierung auf Beruf und Familie resultierenden, allgemein zu erwartenden Abweichungen vom normativen Konstrukt des Normallebenslaufs thematisieren.

Für ihre derzeitigen Tätigkeiten als Rentnerinnen bzw. Rentner nutzen die meisten Befragten sowohl ihre in der Ausbildung als auch die im Erwerbsleben gewonnenen Qualifikationen, Kenntnisse und Erfahrungen. Sofern sie noch bei ihren früheren ArbeitgeberInnen beschäftigt sind, führen sie entweder dieselben Tätigkeiten aus, die sie bereits vor der Verrentung geleistet hatten, oder solche, die damit in unmittelbarem Zusammenhang stehen, jedoch zumeist auf zeitreduzierten Stellen. Aber auch im Falle eines ArbeitgeberInnenwechsels nach der Verrentung greifen die Befragten bis auf eine Ausnahme auf erlerntes und bewährtes Wissen zurück. Berufliche Neuanfänge sind dagegen eher selten. Lediglich Herr J und Herr Q haben im Ruhestand eine völlig neue Aufgabe gefunden. Der ehemalige Facharbeiter übernimmt nun die Funktion eines Hausmeisters, der einstmals leitende Angestellte in einer Marketingabteilung avancierte nach der Verrentung zum selbständigen Immobilienmakler.

Nachfolgend wollen wir die idealtypischen Deutungsmuster der erwerbstätigen RentnerInnen herausarbeiten und nachzeichnen, wie die subjektive Interpretation der derzeitigen Erwerbstätigkeit als eine zur aktuellen Lebenslage und vorangegangenen Erwerbsbiographie sinnvolle Ergänzung gelingt. Wir orientieren uns dabei weiterhin an der obigen Differenzierung zwischen solchen erwerbstätigen RentnerInnen, die ihren Beruf mit der Verrentung zunächst aufgegegeben haben und erst nachträglich wieder ins Erwerbssystem zurückgekehrt sind, und solchen älteren Menschen, die ihrem früheren Arbeitgeber auch nach der Verrentung noch zur Verfügung stehen. Zur leichteren Identifikation dieser beiden Untergruppen erwerbstätiger RentnerInnen bezeichnen wir die im Ruhestand neu erwerbstätig gewordenen RentnerInnen künftig als NeueinsteigerInnen im Gegensatz zu den Weiterbeschäftigten. Die zunächst getrennte Betrachtung der persönlichen Motive von NeueinsteigerInnen einerseits, Weiterbeschäftigten andererseits ist unseres Erachtens mit Blick auf die betrieblichen Strategien der Arbeitskraftnutzung aufschlußreich, weil diese beiden Formen der RentnerInnenarbeit mit zwei völlig verschiedenen Konzepten der Ablösung von älteren Beschäftigten aus dem Erwerbssystem korrespondieren: Zum einen der gezielten Neueinstellung von älteren Arbeitskräften in speziellen, ihnen vorbehaltenen Beschäftigtensegmenten, zum anderen der zunehmenden Arbeitszeitreduktion am Ende der regulären Berufsarbeit in langjährig bestehenden sozialen Kontexten. Bei der RentnerInnenarbeit handelt es sich um eine soziale Praxisform der Alterserwerbstätigkeit, die in der bundesdeutschen Arbeitswirklichkeit mit ihrer weithin praktizierten, strikten Trennung zwischen Erwerbs- und Ruhestandsphase eher ungewöhnlich ist. Offizielle sozialpolitische Programme[25] zur schrittweisen Reduktion der Arbeitszeit am Ende der Erwerbsphase liefen in Deutschland bislang zumindest ins Leere. Wie unter anderem NASCHOLD ET AL. (1990) nachweisen, sind solche Formen der planmäßigen Ausgliederung leistungsgeminderter Arbeitskräfte in spezielle „Altenbetriebe“ jedoch in Japan, der sozialstaatlich abgefederten Arbeitszeitreduktion älterer Beschäftigter dagegen in Schweden bereits die Regel.

Aus der Sicht der beschäftigten RentnerInnen soll nun die Attraktivität dieser Modelle kritisch hinterfragt und zu den subjektiven Anforderungen an eine beschäftigtenorientierte Flexibilisierung der Lebensarbeitszeit in Beziehung gesetzt werden.

Bereits im Vorfeld der empirischen Untersuchungen gingen wir davon aus, daß die Motive, eine Erwerbsarbeit im Ruhestand auszuüben, vielfältig seien. Finanzielle Gründe, der Wunsch, noch etwas Sinnvolles zu tun und der Wunsch nach aushäusigen Kontakten stellten sich als die wichtigsten Beweggründe zur Weiter- oder Wiederarbeit dar. Auch in den Gesprächen ließen sich die Motive für die Erwerbstätigkeit auf diese drei Grundaspekte zurückführen. Die Beweggründe vermischten und überlagerten sich in jeweils individueller Ausprägung, jedoch kann bei keinem einzigen der Befragten von einer monokausalen Motivation für das Erwerbsengagement ausgegangen werden.

25 Die nach dem Vorruhestandsgesetz von 1984 bis 1988 bestehende Möglichkeit der Altersteilzeit wurde in der Chemieindustrie, für die entsprechende Zahlen vorliegen (BÄCKER/NAEGELE 1993, S. 105), beispielsweise nur von 2% aller am Programm beteiligtenMänner in Anspruch genommen. Die restlichen 98% entschieden sich für eine vorgezogene vollständige Freisetzung. Von den Regelungen nach dem ersten Altersteilzeitgesetz von 1988 machten bundesweit insgesamt 270 ältere Beschäftigte Gebrauch (BÄCKER/NAEGELE 1993, S. 112). Und auch die Altersteilzeit mit gleichzeitigem Teilrentenbezug, die mit dem Rentenreformgesetz 1992 eingeführt wurde, wurde Anfang 1995 von nur rund 2.000 Menschen praktiziert. (STEFFEN 1996, S. 5). Bei der Umsetzung des neuen Altersteilzeitgesetzes von 1996 wird nicht zu Unrecht eine ähnlich geringe Umsetzung erwartet.

5.1 Die Motive der Neueinsteiger

Auffällig ist bei der Gruppe der RentnerInnen, die sich im Ruhestand eine neue Erwerbstätigkeit gesucht haben, daß sich vier der sieben von uns Interviewten aufgrund zumeist akuter gesundheitlicher Probleme zunächst gezwungen sahen, die reguläre Erwerbstätigkeit vorzeitig aufzugeben. Die nach der Verrentung in das Erwerbssystem wieder neu Eingestiegenen können damit nicht unbedingt zu den gesundheitlich Fitten gezählt werden. Wenn auch naturgemäß der physische Zustand so gut sein muß, daß eine Erwerbstätigkeit überhaupt möglich ist, finden sich unter unseren InterviewpartnerInnen doch überraschend viele, die unter stärkeren gesundheitlichen Beeinträchtigungen leiden. Dabei handelt es sich durchaus nicht überwiegend um Personen wie den abhängig beschäftigten Klempnermeister Herrn P, der den Zeitpunkt der Verrentung wie folgt beschreibt: *„So, und dann stand ich da, hatte zu wenig Geld."* Im Gegenteil, es sind eher diejenigen, die finanziell abgesichert sind, die sich von Krankheiten nicht abhalten lassen, im Ruhestand erneut zu arbeiten. Als Beispiel sei hier der ehemalige Kriminalbeamte Herr F genannt, der mit einer zufriedenstellenden Pension aus Krankheitsgründen vorzeitig in den Ruhestand versetzt wurde und ungeachtet seiner gesundheitlichen Beeinträchtigungen, die zahlreiche Operationen erforderlich machten, im Alter von 74 Jahren noch erwerbstätig ist.

Vier der erwerbstätigen RuheständlerInnen leben in gutsituierten Verhältnissen mit einer hohen Rente und zusätzlichem ausreichenden Privatvermögen. Auch die restlichen drei geben ein Haushaltsnettoeinkommen von bis zu 3.000 DM an. Gerade diese weniger Begüterten erhalten für ihre Arbeit nach der Verrentung nur ein geringes Entgelt, so daß angenommen werden muß, daß die Ausübung einer nachberuflichen Tätigkeit trotz gesundheitlicher Einschränkungen nicht auf finanziellen Zwängen beruht. Offensichtlich unterscheidet sich der objektive Gesundheitszustand der erwerbstätigen RentnerInnen weniger von dem der normalen AltersrentnerInnen als angenommen. Dagegen scheint das subjektive Befinden der beruflich aktiven Alten eher positiv zu sein. Körperliche Beeinträchtigungen werden von den Befragten offenbar eher ignoriert, bewußt verdrängt oder gerade durch die Weiterführung einer Berufstätigkeit kompensiert. Möglicherweise brauchen sie die Bestätigung durch den Beruf, um sich und der Umwelt zu beweisen, daß sie trotz Krankheiten noch nicht „zum alten Eisen" zählen.

Für vier der sechs Männer kam die krankheitsbedingte Wendung im späten Berufsleben zunächst völlig überraschend: *„Eigentlich habe ich ein bißchen früh aufgehört, Herzinfarkt, war nicht eingeplant. Ich hatte vorgehabt, noch ein bis zwei Jahre ruhig gehen zu lassen, also nicht mehr so viel zu machen."* Die plötzliche Freisetzung traf die Männer völlig unvorbereitet. In dieser Notsituation *„kam einer, Gott sei Dank ist er ein rettender Engel für* *mich gewesen*", bekennt beispielsweise der Klempnermeister Herr P. Und auch Herr F, der ehemalige Kripo-Beamte, „*war froh, daß ich was unter der Hand hatte. (...) Raus von der Kripo und dann Feierabend. Da war ich auch froh, da kannte ich die hier schon und da sagten die mir schon, also, wenn Du da nicht mehr reinkommst, komm' zu uns, wir brauchen Dich.*" Offensichtlich eröffnete die frühzeitige Verrentung bzw. Pensionierung ganz spontan Möglichkeiten, bestehende Sozialkontakte zu ehemaligen Kunden, Kollegen oder auch privaten Bekannten zu aktivieren und in ein neues Beschäftigungsverhältnis zu überführen.

Soziale Beziehungen spielten darüberhinaus auch für die als Propagandistin tätige Rentnerin sowie den Hausmeister, die beide nach der Verrentung zunächst nicht an eine weitere Erwerbstätigkeit gedacht hatten, eine bedeutsame Rolle beim Zustandekommen dieser späten Beschäftigungsverhältnisse. Die ehemalige Bettenfachverkäuferin Frau L hatte sich zunächst darauf eingestellt, den Ruhestand gemeinsam mit ihrem Mann genießen zu können. Nach seinem plötzlichen Tod ergriff sie dann aber ein zuvor abgelehntes Arbeitsangebot, das ihr ehemalige Geschäftskunden machten. Sie betont: „*Hauptsache ist, daß ich noch Beschäftigung habe und unter Leute komme. Ich kann mich nicht den ganzen Tag hier hinsetzen. (...) Mir macht das einfach Freude, auch unter Menschen zu sein. Ich bin kein Einzelgänger.*" Den ehemaligen Facharbeiter Herr J, der sich ebenfalls auf einen arbeitsfreien Ruhestand eingestellt hatte, führte dagegen eine Gemeinschaft von Wohnungseigentümern zu einem Rentnerjob: „*Das hat sich ergeben. Das war keine Vorbestimmung, sondern das hat sich ergeben durch die Umwandlung hier in Eigentum und dann muß man jetzt dann, weil ich vor Ort bin und die Übersicht habe...*"

Einzig der heute selbständige Immobilienmakler Herr Q hat seine Verrentung aktiv mit Blick auf eine nachberufliche Tätigkeit betrieben. Herr Q, der eine leitende Position in seiner Firma bekleidete, schied auf eigenen Wunsch bereits mit 58 Jahren aus seiner Firma aus und ging in den Ruhestand, um dann gemeinsam mit seinen Freunden eine Immobilienfirma zu gründen. Seinen Entschluß begründet er wie folgt: „*Ich wollte frei sein. Wieso frei? Ich habe doch einen guten Job gehabt, ich war ja in der Stabsstelle in der Vertriebsleitung. Ich sah meinen Chef zu Weihnachten, wenn er mir frohe Weihnachten wünschte, dann wünschte er mir ein frohes neues Jahr, dann gratulierte er mir zum Geburtstag und sonst sah ich ihn nicht. Aber ich mußte einmal im Jahr zu ihm hin und mußte meinen Urlaubsschein unterschreiben lassen oder zweimal. Und das war die Faust im Nacken. (...) Und dieser Satz hat sich wie ein roter Faden durch die ganze Woche gezogen. Dieses abhängig beschäftigt sein. Dieses morgens heraus gehen müssen. Zu einer bestimmten Zeit in einem bestimmten Büro zu sein, nich'? Und mich von allen möglichen Leuten anöden zu lassen, die mir überhaupt nicht sympathisch waren. Zumal ich zuletzt im Großraumbüro gearbeitet habe, was sowieso ätzend ist. Das hat mich also schon bewogen – wie gesagt – ich wollte nicht aufhören, um nicht mehr zu arbeiten, arbeite wahrscheinlich mehr als damals. Aber ich tue es dann, wenn ich Lust und Zeit habe. Ich schlafe auch bis halb 9, wenn es mir paßt. Ich mache auch mal, eine ganze Nacht sitze ich hier und mache – zieh' durch, wenn ich mal eine Sache habe, die mich reizt. Diese Freiheit hat mich bewogen, so früh wie möglich aufzuhören.*"

Das Zitat zeigt deutlich, daß Herr Q nur ein Ziel verfolgt hat, und zwar endlich frei sein zu können und nicht mehr als abhängig Beschäftigter arbeiten zu müssen. Um dieses Ziel zu erreichen, hat er sich sogar vorzeitig aus seiner regulären Berufsarbeit zurückgezogen, um sich dann nach der Frühverrentung selbständig machen zu können. Dabei ging es Herrn Q nicht darum, der Erwerbsarbeit generell den Rücken zu kehren. Eher das Gegenteil ist der Fall: ein Leben ohne Arbeit kann sich Herr Q gar nicht vorstellen. Was Herrn Q von den anderen interviewten RuheständlerInnen unterscheidet, ist, daß er auch im Ruhestand keinesfalls mehr als abhängig Beschäftigter arbeiten würde: „*.. die können mir auch 150 DM die Stunde geben, würde ich nicht machen.*" Im Vergleich zu den abhängig beschäftigten RuheständlerInnen scheint Herr Q die Freiheit des RentnerInnen-Daseins verdoppeln zu wollen, indem er im Ruhestand zu seinem eigenen Arbeitgeber wird und eine Firma aufbaut, in der er selbstbestimmt und völlig unabhängig darüber entscheiden kann, wann und wie er arbeiten will. Dabei genießt er die Kombination aus Erwerbsarbeit und dem Zusammensein mit Feunden: „*Meine beiden Freunde, mit denen ich dann hinterher die GmbH gegründet hab', das sind professionelle Leute in dem Geschäft, der eine hat ein Maklerbüro und der andere ist Vorstandsvorsitzender einer Baugesellschaft – in einer großen, nich'? Und das sind meine Freunde. Wir haben eigentlich nie außer unserer persönlichen Freundschaft groß über die Geschäfte gesprochen. (...) Wir haben einfach Spaß. Spaß am Handeln und an kaufmännischen Dingen, die man tut. Ohne viel zu arbeiten viel Geld zu verdienen, ne? Und es macht auch Spaß immer... jedesmal wenn wir in Texas sind, das ist immer herrlich – wir drei. Kriegen also auch so privat ordentlich Spaß.*"

Der Immobilienmakler ist zweifellos sowohl der Spitzenverdiener als auch der zeitlich umfassend Aktivste unter unseren erwerbstätigen RuheständlerInnen, zumal er parallel zu seiner nachberuflichen Erwerbstätigkeit auch noch als musikalischer Alleinunterhalter, Referent für Sozialrecht und Sachverständiger in einem Philatelistenverband tätig ist. Der Umfang der Zeit, den die anderen RentnerInnen für die Erwerbstätigkeit aufbringen, liegt deutlich darunter, läßt sich jedoch von den Befragten selbst kaum genau beziffern. Mehrheitlich werden die Aufgaben selbstbestimmt nach Bedarf oder in seltenen, dafür aber zeitlich zusammenhängenden, größeren Arbeitsblökken organisiert. Lediglich Herr F, der seine kaufmännische Tätigkeit auf Teilzeitbasis leistet, hat wöchentlich regelmäßige Arbeitszeiten. Aber auch er nimmt sich die Freiheit, nicht jederzeit zur Verfügung stehen zu müssen. Dies geschieht in Einklang mit dem Arbeitgeber, der eine solche Verbindlichkeit bei der Ableistung der Arbeitsstunden offenbar auch nicht erwartet. Mit derselben Selbstverständlichkeit, mit der die RentnerInnen ihre ihnen zugestandenen zeitlichen Freiräume nutzen, sind sie andererseits aber auch bereit, zusätzliche Arbeitsleistungen zu erbringen, wenn es nötig erscheint: *„Das ist hier ein freundschaftliches Arbeitsverhältnis, da mache ich jetzt drei Stunden, ich habe auch schon mal acht Stunden gemacht, aber seit ´89 ... kommt schon mal vor, daß ich da mal nachmittags nochmal komme oder samstags morgens mal, wenn die in Urlaub sind, dann komme ich auch samstags morgens, hole die Post und guck', was an Schecks da ist denn da, und das fahre ich denn eben zur Bank."*

Ebenso divergent wie die Arbeitszeiten und die arbeitsorganisatorischen Bedingungen stellen sich auch die Arbeitsentgelte der befragten RentnerInnen dar. Dabei ließ weder die formale Berufsqualifikation noch die letzte Berufsposition verläßliche Rückschlüsse auf die Höhe des Verdienstes zu. Ein großer Teil der Befragten war nicht bereit, eine genaue Summe zu nennen, wodurch wir uns mit vagen Angaben begnügen müssen. Diese Vorsicht mag darin begründet liegen, daß eine unversteuerte Überschreitung der Geringfügigkeitsgrenze des Verdienstes bei unter 65jährigen nicht bekannt werden sollte, wie ein Interviewpartner im Gespräch auch offen zugab: *„Das ist jetzt im Moment ist das minimal. Vorher, da war das manchmal einige Stunden in der Woche, ne, 20, 15/20 Stunden. Das ist nicht angemeldet gewesen. Das ist pauschal versteuert worden, ich habe da nichts mit zu tun. – Ich hoffe nicht, daß das irgendwie ... denn das würde mich nämlich sehr in die Bredouille bringen."* Einigen Älteren war die gesetzliche erlaubte unbegrenzte Zuverdienstmöglichkeit ab dem vollendeten 65. Lebesjahr gar nicht bekannt. Auch sie glaubten, keine höheren Verdienste offiziell angeben zu dürfen. Bei denen, die aufgrund ihrer hohen Stundenzahl oder der lukrativ eingesetzten speziellen Berufsqualifikation gut verdienen, schien es dagegen eher so zu sein, daß man „über Geld nicht spricht". Vorteilhaft stellt sich die finanzielle Situation insbesondere für die ehemalige Verkäuferin dar, die heute auf Provisionsbasis arbeitet: *„Das, was ich da verdiene, könnte ich im Einzelhandel nie verdienen. Also, bei 'ner festen Arbeitszeit oder bei 'ner festen Stelle."*

Die meisten haben eine ganz spezielle Verwendung für das zusätzlich verdiente Geld. Dabei rangiert an erster Stelle das Sparen für Reisen: *„...aber das ist eben zusätzliches Geld, das man auch dann mal zum Beispiel in die Freizeit reinstecken kann, ne. Daß man mal sagt, ich habe im Laufe des Jahres meinetwegen nur 3, 4, 5000 Mark verdient durch diese Tätigkeit dort, jetzt können wir mal ´ne schöne Reise machen"*. Neben dem Reisen wird das Geld auch in andere Freizeitaktivitäten oder Hobbies gesteckt. Ein Gesprächspartner finanziert seine Tennisstunden davon, ein anderer investiert es in seine Briefmarkensammlung. Ein Rentner nutzt den neben der Rente erwirtschafteten Verdienst, um sich gut kleiden zu können.

Sowohl der Erhalt alter als auch die Suche nach neuen Kontakten spielt bei fast allen befragten erwerbstätigen RentnerInnen eine Rolle, jedoch in unterschiedlichem Ausmaß. Gerade bei der alleinlebenden Verkäuferin Frau L drängt sich die Suche nach Kontakten als Arbeitsmotiv geradezu auf. Die Befreiung aus der häuslichen Isolation war für sie unmittelbar ein Hauptgrund, überhaupt wieder erwerbstätig zu werden, während das Zusammentreffen mit anderen Menschen bei den Männern eher als eine angenehme Begleiterscheinung geschildert wurde. Aber auch für einige der Männer bedeutete der Wechsel in den Ruhestand und die damit verbundene Reduktion der sozialen Kontakte einen Verlust, gerade wenn dieser Aspekt der Berufsarbeit bereits vorher als positiv empfunden wurde. In diesem Fall bekommt die Möglichkeit, durch die Erwerbstätigkeit im Rentenalter „unter Leute zu kommen", einen besonders hohen Stellenwert. Dieser Aspekt rückte beispielsweise bei dem Fahrlehrer, der zunächst vor allem aus finanziellen Gründen doch wieder eine neue Tätigkeit als Fahrlehrer aufnahm, im Laufe der Zeit an die erste Stelle: *„Ich habe mich immer gefreut, wenn ich die Kollegen mal wiedersah, auf dem Platz da oben, wo wir Rückfahren üben, und da fährt man dann hin und läßt dann einen in die Parklücke einparken, dann kann man auch mal aussteigen, mit den Kollegen ´n Wort reden, und dann erzählen die mir von ihren Fahrschulleuten, die immer die gleichen waren, die wir alle kennen...".* Auch der Hausmeister genießt an seiner Tätigkeit die Kontakte mit seiner Klientel, die sich im Lauf der Zeit ergeben haben, wenn ebenfalls bei ihm dies nicht der ursprüngliche Grund für die Übernahme der Aufgabe war: *„Ja, sowas brauchen die Leute dann auch – ´nen Ansprechpartner und den haben sie in mir. Und – zu jeder Tageszeit – auch wenn mal jemand einen Rat braucht...".*

Der Wunsch nach einer als sinnvoll interpretierbaren Beschäftigung scheint bei allen GesprächspartnerInnen eine wichtige Triebfeder des Handelns zu sein. Dabei bestehen allerdings graduelle Unterschiede hinsichtlich der Erwartungen und der Reichweite der Tätigkeit. Gemeinsam ist ihnen allen jedoch, daß sie noch gebraucht werden wollen, daß sie mehr oder weniger bewußt aus diesem Grunde eine gesellschaftlich anerkannte Tätigkeit ausüben: *„Ja, das ist wohl auch wichtig, daß man was zu tun hat, daß man weiß, daß man noch gebraucht wird."* Allen ist wichtig, noch Verantwortung tragen zu können und diese auch zu übernehmen: *„Ja, das ist ... daß ich praktisch machen kann, was ich will. Also, daß ich freie Hand habe denn da, und daß ich selbständig handeln kann und brauch' nicht wegen jeden tausend Mark zu fragen, darf ich das, also das ist die Selbständigkeit, die ich hier habe und das Verantwortungsgefühl, die Verantwortung, die ich hier trage und ... das ist es."* Hinter dieser Motivation tritt der finanzielle Aspekt der Arbeit oftmals zurück. Für Herrn N, der seine Arbeit nicht materiell vergütet bekommt, stellt die Anerkennung der Leistung durch Kollegen und ArbeitgeberInnen immerhin eine ideelle Belohnung dar. Doch auch bei den anderen stehen die subjektiven Orientierungen in der Arbeitstätigkeit oftmals vor den monetären Erwerbsbezügen: *„Und dadurch, daß ich hier noch sein kann, dazwischen sein kann, (...) da bin ich unheimlich froh, wenn ich morgens noch hier noch die drei Stunden, drei, vier Stunden so unter Leuten bin und habe das Gefühl, ich werde noch gebraucht und das gibt so'n bißchen Selbstwertgefühl.“* Die positive Selbsteinschätzung ist hier stark an die Möglichkeiten der Partizipation an gesellschaftlich allgemein anerkannten Tätigkeiten geknüpft.

Das Gefühl, gebraucht zu werden, kann sich zum einen auf bekannte berufliche Kompetenzen beziehen, die auch nach der Verrentung geschätzt und angefordert werden. *„Wenn Sie in Ihrem Beruf von sich sagen dürfen, daß Sie Fachmann sind nach langen Jahren, haben Sie mit Sicherheit ein gutes Image. – Und ich finde, das tut einem auch ganz gut, wenn man noch nicht so ganz abgeschustert ist, ne? Das es nicht heißt, guck mal da, der alte senile Bock da, der hat doch sowieso keine Ahnung mehr, ne?“* Die Anerkennung kann sich zum anderen aber auch auf allgemeinere Qualitäten wie Zuverlässigkeit, Einsatzbereitschaft, Flexibilität, Umsicht gründen: *„Es ist... ja... es ist ´ne leichte und ´ne so´n bißchen überwachende Tätigkeit, daß alles im Lot ist, daß alles vernünftig ist, ne? Wenn was – das jeder seinen Pflichten nachkommt, daß jeder weiß, es ist Ruhe, es ist Ordnung im Haus, es ist sauber im Hause, ne? Das ist so meine Richtung und das ist auch anklingend bei den anderen. Die sind auch recht zufrieden. Wir alle.“*

Letztlich erschließt sich die besondere Sinndimension der nachberuflichen Erwerbstätigkeit aus der Suspension der mit regulärer Erwerbsarbeit typischerweise verknüpften Zwänge der Zeitdisziplin. Exemplarisch zeichnet der ehemals selbständige Fahrlehrer, der heute nur noch gelegentlich eine paar Fahrstunden für einen befreundeten Betrieb gibt, die Differenz zwischen den Arbeitsbelastungen im normalen Erwerbsleben und dem Rentner-Job nach: *„Der Streß hat mich eigentlich am meisten gestört, dieser Terminstreß, ne? Das ist für mich so angenehm, wenn ich heute zu einem sag': ‚Komm', wir machen mal 'ne Fahrstunde', und dann fahren wir über die Autobahn, da oben ist 'ne wunderbare Raststätte, die haben sehr guten Kaffee, ‘komm', wir fahren mal rechts ran, trinken 'ne Tasse Kaffee', ne? 20 Minuten, halbe Stunde, alles egal, fahren wir 'ne halbe Stunde länger, fertig. Stört mich nicht, ne? Aber früher ging das nicht, das störte.“* Und auch die Propagandistin, die nicht nur vereinzelte Arbeitsstunden leistet, sondern teilweise zwei Wochen im Block erwerbstätig ist, hebt hervor: *„Es macht mir heute noch einen wahnsinnigen Spaß, zu arbeiten. Und da gehe ich ganz voll drin auf.“* Ihr ist allerdings bewußt, daß diese Freude an der Arbeit letztlich auf ihren Status als Rentnerin zurückzuführen ist: *„Ich meine, es ist natürlich anders, wenn* *man muß, wenn das Muß dahintersteht. Also, dann kann ich mir vorstellen, daß es dann 'ne andere Situation ist.“*

Mit Sicherheit kann man sagen, daß die erwerbstätigen RentnerInnen die Arbeit für sich mehr oder weniger bewußt als Altersprävention einsetzen: *„Das hält jung. Du wirst alt und krank, wenn Du nichts tust – das würd' ich sagen.“* Nicht einrosten, nicht zum alten Eisen gehören, noch dabei sein, sind von ihnen gebrauchte Schlagworte, um zu charakterisieren, daß die erwerbsförmigen Aktivitäten ihnen – zumindest noch für einen begrenzten Zeitraum – den endgültigen Übergang in eine dem Alter zugeschriebene Passivität ersparen: *„Der Umgang mit jungen Leuten, der hält einen frisch. Es ergibt sich eben aus dem Umgang heraus, daß man dann also auch mit ganz anderen Problemen konfrontiert wird und mit ganz anderen Dingen zu tun hat täglich, als wenn man nur mit älteren Leuten umgeht, beispielsweise nur mit Rentnern.“* Sollte das Arbeitsverhältnis vorzeitig enden, würden sich die meisten in einem Ehrenamt engagieren, anstatt erneut erwerbsmäßig aktiv zu werden. *„Ne, ne. Nich' mehr. Schließlich, wenn ich hier nächstes Jahr aufhör, am 30.06., daß ich mal ehrenamtlich mal irgendetwas mache ...“.*

5.2 Die Motive der Weiterbeschäftigten

Die neun erwerbstätigen RentnerInnen, die ihrem früheren Betrieb auch nach der Verrentung noch zur Verfügung stehen, arbeiten in der Kontinuität langjährig gewachsener Sozialbeziehungen zu den Firmenleitungen und KollegInnen. Allerdings variieren die Chancen und Gestaltungsmöglichkeiten hinsichtlich der RentnerInnen-Beschäftigungsverhältnisse stark je nach der vorangegangenen Erwerbsbiographie und dem erzielten beruflichen Status. Herr M war als ehemaliger Chef eines Bauunternehmers beispielsweise mit ungleich besseren strukturellen Chancen ausgestattet, sich im eigenen Betrieb einen Rentnerjob zu schaffen als etwa Frau G, die nach mehrfachen Erwerbsunterbrechungen im fortgeschrittenen Erwerbsalter nur darauf hoffen kann, daß ihr Arbeitgeber die derzeitige Aushilfsbeschäftigung trotz zwischenzeitlichem Rentenanspruch mit ihr noch fortsetzt.

Die im Altenheim beschäftigte Aushilfspförtnerin wird zumindest von Kolleginnen häufiger mit Kaffee und Kuchen zum Dienstbeginn versorgt und genießt die soziale Zugehörigkeit zum Erwerbssystem. Gleichwohl weiß die mittlerweile verrentete 62jährige um ihren Marktwert. Der jahrelange Kampf um die Vereinbarkeit von Berufs- und Familienarbeit hat – wie bei vielen Frauen – auch in ihrem Fall zu einer Abwärtsspirale aus unqualifizierter Teilzeitarbeit, Arbeitslosigkeit und Aushilfsbeschäftigungen geführt. Angesichts der sich mit zunehmendem Lebensalter stetig verschlechternden Erwerbschancen konnte der ungebrochene Erwerbswunsch letztlich nur noch unter Preis realisiert werden: *„Ja, die haben mir gesagt, ich krieg' jetzt 11 Mark* *und dabei ist es geblieben. (...) Ne, ich hab' nicht gehandelt. (...) Ach, ich will da die Arbeitsstelle nicht verlieren. Ich bin so zufrieden. Ich brauch' mich nicht kaputt arbeiten und die sind so nett zu mir und ich seh' das auch mehr als Beschäftigungstherapie an.*" Daß ihr Arbeitgeber, ein christlicher Träger der freien Wohlfahrtspflege, bei der Personalauswahl eiskalt kalkuliert, ist der Pförtnerin durchaus bewußt: *„Die wollen ja sparen, die wollen ja nicht so viel ausgeben. Die nehmen sich dann eben junge Mädchen, junge Frauen aus der Schule, die kriegen glaub' ich 'ne Mark oder zwei weniger wie ich und dann sind die .. ist ja wieder noch ein paar Mark gespart, ne?*" In Anbetracht der erdrückenden Arbeitsmarktkonkurrenz mutierte der in jungen Jahren einstmals selbstbewußt vorgebrachte Anspruch auf materielle Unabhängigkeit zur Strategie der Abwendung psychischer Erkrankungen. Wenn das Erwerbssystem schon kein Einkommen ermöglicht, so taugt es immerhin noch, um aufkommende Depressionen, die die Rentnerin zunehmend belasten, zu bekämpfen. Typisch für dieses Beschäftigungsverhältnis, das kein Einzelfall sein dürfte, ist der Umstand, daß die subjektive Bedeutung der Aushilfstätigkeit gerade nicht mit den faktisch wenigen Stunden des Erwerbs korrespondiert, sondern im Gegenteil die gesamte Person erfaßt. Dies wird selbst noch in der Einschätzung der Vorteile der eigenen Arbeitskraft deutlich: *„Ich nehm' an, die behalten mich nur, weil ich flexibel bin. Verstehen Sie? Weil ich kommen kann, wenn andere nicht kommen können. (...) Ich denke jetzt, die behalten mich in erster Linie, weil sie mich vielleicht gut leiden können und – denke ich mal, gehe ich mal von aus – weil ich eben auch flexibel bin und nie nein sage.*" Die Hoffnung, nicht nur wegen der hohen zeitlichen Verfügbarkeit, sondern auch aus sozialen Erwägungen beschäftigt zu werden, liefert insbesondere die Arbeitskräfte mit den strukturell schwächsten Erwerbschancen völlig den Willkürlichkeiten des Erwerbssystems aus.

Aber auch für Herrn D, der seine frühere Nebentätigkeit nach der Verrentung erheblich ausgebaut hat, sind die Sozialbeziehungen der Nebenbeschäftigung und die emotionalen Bindungen entscheidend: *„Das war für mich selbstverständlich, ja. Ich konnte den nicht im Stich lassen, wir hatten inzwischen auch die Buchhaltung auf EDV umgestellt gehabt und ehe sich da einer einarbeitet, das dauert dann und das war für mich eigentlich gar keine Frage. Wir sind befreundet und ich konnte den einfach nicht im Stich lassen. (...) Das was selbstverständlich, daß ich weitermach', der hat auch gar nicht gefragt.*" Der erwerbstätige Rentner geht in seiner Einschätzung gar so weit, sich als Geschäftspartner des Firmeninhabers zu fühlen: *„Ich weiß über alles Bescheid, er kann mich fragen über alles, ich weiß in geldlichen Dingen Bescheid, ich kann ihn finanziell beraten, ja, aus dem Grunde.*"

Für die im Rentenalter in kaufmännischen Berufen weiterbeschäftigten Frauen formuliert die ehemalige Angestellte einer Bausparkasse, Frau K, ihre Situation wie folgt: *„Ich hab' einfach weitergearbeitet und ... ja, wann habe* *ich denn ... ich kann's nicht mehr genau sagen, als ich dann so über 70 war, da hörte das dann ja langsam ... wissen sie, er hatte .. er bildet dann auch junge Leute aus (...) und dann will man ja auch nicht mehr und ... aber die rufen mich immer mal noch. Ja, dann vor allen Dingen auch vorige Woche wieder, da rief der eine von den jüngeren Leuten da rief an, 'Frau K, können Sie mir heute nachmittag hier Telefonnummern und sowas raussuchen', also für sowas ... aber es hält auch ein bißchen frisch, ne?!"* Die ehemalige Kundenberaterin hat offenbar einen Weg gefunden, sich aus der Erwerbsarbeit nicht völlig *ver*drängen zu lassen, ohne sich jedoch der Firmenleitung *aufzu*drängen. Mit diplomatischem Geschick werden die eigenen Interessen mit denen der Geschäftsleitung und der zumeist jüngeren Belegschaft harmonisiert, so daß letztlich alle Beteiligten von der Weiterarbeit der Rentnerin profitieren. Es mag eine Besonderheit sein, daß der Filialleiter der eigene Sohn ist, dem Frau K sich in besonderer Weise verbunden fühlt: *„Das ist bei mir alles so gelaufen, weil das innerhalb der Familie praktisch war, ne? Und weil ich eben 'ne kleine Rente kriegte, dann .. dadurch .. ich meine (...) Ich hab' mich dann auch ein bißchen verpflichtet gefühlt, weil mein Sohn mir das immer noch bezahlte. (...) Wissen Sie, bei mir können Sie nicht mit gesetzlichen oder solchen Sachen kommen, das ist einfach so gelaufen."* Aber sowohl der Umstand der vergleichsweise niedrigen Altersrente als auch der der individuellen Aushandlung der konkreten Bedingungen des Arbeitsverhältnisses dürfte für die Mehrheit der weiterbeschäftigten weiblichen Angestellten gelten.

Am augenfälligsten sind die übereinstimmenden Aussagen der weiterbeschäftigten männlichen Angestellten hinsichtlich der sozialen Verantwortung gegenüber ihrem Betrieb. *„Ich bin derjenige, der so lange im Laden ist, der alles kennt und da kommt auch manchmal was, wo man sagt: 'Da müssen wir mal den H fragen.' Wir haben zum Beispiel gesagt ... wir haben einen brasilianischen Schuldner, mach' den ganzen Verkehr über Rechtsanwälte mit Brasilien. Ich habe den Vorgang ... den habe ich im Kopf. Den habe ich zuhause und da beschäftigt sich kein anderer mit. (...) Da bin ich der einzige, der da drüber aus dem Stehgreif antworten kann,"* behauptet bespielsweise Herr H von sich. Die Bedeutung monetärer Aspekte des Beschäftigungsverhältnisses weisen alle Interviewten hingegen weit von sich. Die deutlichen Hinweise, auf den Hinzuverdienst nicht angewiesen zu sein, lassen gleichwohl erahnen, mit welchen psychischen Anstrengungen die Beendigung der regulären Berufsarbeit und die Bewältigung des RentnerInnenstatus verbunden war und ist: *„Ich habe keinen Arbeitsplatz mehr in der Firma. Am Anfang hatte ich noch einen kleinen Arbeitsplatz hier: Aber das mache ich heute, wenn mal was ist, zuhause, und deshalb mache ich das auch unentgeltlich. Ich will das auch gar nicht. Wissen Sie, das sieht dann nachher so aus, als wenn ich dann noch da hinterher laufe und dann mich da zum Affen mache – das brauche ich nicht. Wir kommen so aus."*

Gerade die weiterbeschäftigten Männer, die von sich behaupten, wichtige Positionen innerhalb der Betriebe besetzt zu haben, ringen um ihre Selbstinterpretation. Keinesfalls soll der Eindruck entstehen, ihr Selbstwertgefühl hinge von der Erwerbsarbeit ab. Schließlich blickt man auf eine erfolgreiche Berufslaufbahn zurück und muß nicht mehr um Anerkennung kämpfen. Das im Übergang zum Ruhestand mögliche Ausbleiben dieser Anerkennung muß gleichwohl als so bedrückend empfunden werden, daß die Rentner beim Angebot zur aushilfsweisen Weiterarbeit ihren eigenen Marktpreis unterbieten. Der technische Berater, Herr H, gibt sich zwar noch ganz forsch: *„Ich berechne da als Berater einen Stundensatz und damit ist das getan: Wenn die mich nicht mehr bezahlen wollen, dann sag ich: 'Ok, bleibe ich zuhaus!' (...) Also, ich mach das dann billig. Ich nehm' die Stunde 40 Mark. (...) Das war ja von mir, der Vorschlag. Damit ich noch ein bißchen Beschäftigung (...) Ich meine jetzt, wenn ich da mal rauffahr', nich'? Wenn ich da mal Übersetzungen mach' und so – da gehe ich nach Zeilen – auch da bin ich billiger als ein Übersetzungsbüro. Nich', das mach' ich ja für die Firma. Ich habe Beschäftigung, kann noch ein bißchen verdienen, nich'?"* Man spürt jedoch förmlich, wie sehr er an den Aufträgen seiner Firma hängt. Der Entwerfer von Sammlermessern, Herr E, berichtet zwar zunächst mit ungebrochenem Selbstbewußtsein, daß er seine vorzeitige Verrentung selbst aktiv betrieben habe: *„Anfang Januar hab' ich dann der Chefin gesagt, was ich vor hatte und hab' dann im Juli ja aufgehört. Das war also ungefähr ein halbes Jahr her. Ja, und dann haben wir uns also praktisch zusammen daraufhin eingestellt, den Betrieb auch teilweise umgestellt ..."* Die Chefin habe mit diesem frühzeitigen Rückzug gar nicht gerechnet und *„... hat dann gesagt, dann laß' uns wenigstens bis 65 schriftlich machen. Sie hatte irgendwie Angst, daß ich woanders anfange, das war der Grund."* Als der Rentner aber die Höhe seines derzeitigen Stundenlohnes angeben soll, ist das rhetorische Geschick dahin: *„Ich hätte an sich nach meinem früheren Verdienst, so ... nur ein paar Stunden – was weiß ich – acht oder zehn Stunden da noch ... Ich hatte es von mir aus, um denen ein bißchen entgegenzukommen ... für mich war es ja auch ein Taschengeld ... und ich habe auch gedacht als Übergang, daß man ... hatte ich auch gedacht ... ich zu ... ganz schnell aus dem Berufsleben, weil man das von anderen gehört hatte, deswegen dachte ich, gehste da ein bißchen drunter her und dann macht das auch vielleicht noch ein bißchen Spaß."*

Bei dem Bauunternehmer Herrn M, der seinen beruflichen Rückzug auf Raten vollzog und heute Wert darauf legt, von seinem ehemaligen Betrieb finanziell völlig unabhängig zu sein, durchdringen sich die Wünsche, die unternehmerische Verantwortung abzugeben und den ideellen Führungsanspruch zu behaupten. Interessanterweise wird in diesem Fall dem am Betrieb eigentlich unbeteiligten Schwiegersohn die Initiative zur Begründung des Rentnerjobs zugesprochen: *„Nachdem die ... meine Töchter das Geschäft* *schon zu 90% übernommen hatten, bat mich vor allen Dingen mein Schwiegersohn, doch noch die Hand drüber zu halten, sonst würde das nicht so ... wahrscheinlich doch sehr schwierig sein. Vor allen Dingen, weil damals – in den 80er Jahren – war ja noch eine erhebliche wirtschaftliche Notzeit, auch im Baugewerbe und naja, die Schwierigkeiten sind ... die müssen durchgestanden werden, die gehen ja nicht von alleine ... können die beseitigt werden und da meinte er doch, daß mein Rat und meine Erfahrung doch wohl erforderlich wäre im Geschäft."* Obwohl alle drei Töchter eine fachlich adäquate, technisch orientierte Hochschulausbildung besitzen und über Jahre in ihre jeweiligen Geschäftsbereiche hineingewachsen sind, wird der Vater als „Coach" weiterhin nachgefragt. Auf der Ebene der Geschäftsbeziehungen kann der Senior nun ein pädagogisches Programm zum durch unternehmerischen Erfolg gekrönten Abschluß bringen: die Erziehung seiner Töchter zu selbständigen, beruflich engagierten Frauen, die nebenher auch noch erfolgreich Familienarbeit leisten. Der Vater sieht sich in der Rolle desjenigen, der aus dem Hintergrund die Fäden zieht und sich damit umso subtiler ein Denkmal als Chef eines Familienbetriebes setzt: *„Ja, ich glaube schon, daß die doch .. also, wenn ich das Gefühl hätte, daß ich denen lästig werde, dann würde ich es sein lassen. Also in der ... ich glaube, da habe ich ein ganz gutes Gespür für. (...) Es wäre ja schrecklich, wenn sie sich ganz auf mich verlassen würden und ich wäre dann ... wenn ich mal wegen Krankheit ausfallen würde und dann bliebe da unten alles Kopf stehen, das ging ja nicht, das wäre ja ... nein, da passe ich auch auf, daß das nicht passiert."*

Völlig autonom – so scheint es – konnten die beiden Selbständigen, Herr C und Herr O, über die Weiterarbeit im Rentenalter entscheiden. Der freiberufliche Ingenieur und der selbständige Orthopädiemechanikermeister unterliegen mit ihren Unternehmen jedoch ihrerseits strukturellen Zwängen, die sich mit Beginn des Rentenanspruchs nicht einfach auflösen. Relevant für die Fortsetzung der Tätigkeit für beide Männer ist, daß sie erst relativ spät in ihrem Berufsleben den Schritt in die Selbständigkeit gewagt haben. Herr O war 54 Jahre und Herr C 48 Jahre alt, als sie, nachdem sie arbeitslos wurden, beschlossen, sich selbständig zu machen. Für beide Männer bedeutete die Aufbauarbeit eine harte Zeit, die mit viel Arbeit und Entbehrung verbunden war. Herr O hatte sein Sanitätshaus zunächst mit 3 MitarbeiterInnen eröffnet und gibt an, *„.. nachdem ich es aufgebaut hatte, da waren ja die ersten fünf Jahre kein Zuckerlecken, das können Sie sich sicher denken, und dann fing es erst langsam an zu laufen, und jetzt läuft es."* Ebenso schildert Herr C, daß es nicht einfach war, als freiberuflicher Ingenieur mit seinem Ingenieurbüro Erfolg zu haben. Um so größer ist nun die Freude zu sehen, daß die Arbeit Früchte trägt. Die Beendigung der Arbeit ist noch lange kein Thema für die Selbständigen. Sowohl die zeitliche als auch die inhaltliche Strukturierung des Alltags von Herrn O sind stark durch die Anforderungen des Geschäfts bestimmt. Die zeitliche Einteilung seines Tages ist durch die Öffnungszeiten seines Geschäfts festgelegt, ebenso fällt für ihn der Urlaub meist besonders kurz aus, da er immer noch selber einspringt, wenn seine MitarbeiterInnen Urlaub machen. So bleibt für Hobbies nicht mehr viel Zeit übrig. Die Entscheidung, die Arbeit vorläufig noch nicht zu beenden, wird durch verschiedene Faktoren motiviert. Zum einen empfindet Herr O Verantwortung gegenüber seinen mittlerweile 16 MitarbeiterInnen: *„...jetzt habe ich ein Geschäft und jetzt haben Sie die Verantwortung für das Geschäft und sie haben die Verantwortung für die Leute. Das sind junge Leute, nich', da können Sie nicht einfach aufhören."* Zum anderen fühlt er sich seinen Kunden, die sich auf seine Erfahrungen und Fähigkeiten verlassen sollen, verpflichtet: *„Ja, Sie glauben nicht, gerade bei den älteren Menschen, wenn die kommen, wenn die einen Gesprächspartner finden, der sie versteht, und das kann nicht immer ... das kann einfach kein 20jähriger sein, das kann kein 30jähriger sein (...) Und das machen wir, nich', und da sind wir drauf gewappnet, da kommt das beratende Gespräch (...)".* Die Wertschätzung seiner Arbeit durch die Kunden motiviert ihn nachhaltig: *„.. wenn man dann da ist oder wenn man dann sieht, wie die Leute sich bedankt haben, ja, dann freu' ich mich abends immer und das macht glücklich und das macht zufrieden."*

Ganz entscheidend für die Weiterarbeit des Herrn O ist jedoch, daß er nach einem adäquaten Nachfolger sucht, um seinen Betrieb über Lebzeiten hinaus zu sichern: *„.... hier ist ein Zwang. Ich muß warten, bis der eine Mitarbeiter seine Meisterprüfung hat, damit, wenn ich wirklich mal ausfalle, kann mir ja morgen passieren, nich', wenn Sie auf die 70 zugehen, kann das morgen sein, ... damit das Geschäft weitergeführt werden kann und ich hab unter diesen Mitarbeitern hochqualifizierte Fachleute und da will ich natürlich auch, daß die ihre Arbeit behalten. Es wär 'ne Affenschande, wenn ein so gut gehendes Geschäft, da zähl' ich mein Geschäft mal zu, ja sogar noch expandierendes Geschäft, ja, das wär 'ne Affenschande, wenn das über den Jordan gehen würde."*

Wie Herr O denkt auch Herr C noch lange nicht daran, mit der Arbeit aufzuhören. Er ist zur Zeit damit beschäftigt, eine Kooperation zwischen seinem Ingenieurbüro und einem in den neuen Bundesländern liegenden aufzubauen, um weitere Projekte realisieren zu können. Auch bei Herrn C ergeben sich die Arbeitsbelastungen aus den Anforderungen bzw. Anfragen und Aufträgen seines Ingenieurbüros, allerdings hat Herr C keine MitarbeiterInnen, unterliegt keinen Öffnungszeiten und ist auch nicht auf der Suche nach einem Nachfolger. Der Antrieb zur Weiterarbeit resultiert vielmehr aus seinen Hoffnungen und seinem Idealismus als Wissenschaftler. Herr C zählt sich zur *„... innovativen Elite, die auf wissenschaftlicher und naturwissenschaftlicher Grundlage im Bereich der Verfahrenstechnik noch was zu bieten haben, mehr als das, was heute immer als Hightech oder mit ähnlichen Schlagwörtern verkauft wird und zum großen Teil manchmal nur noch als Pfusch zu* *bezeichnen ist.*" Seine Arbeit bezeichnet er als „*ideelle Aufbauarbeit für Leute, die es nötig haben.*"

Seit seiner Verrentung investiert Herr C nach wie vor sehr viel Zeit und Geld in seine Projekte, allerdings hat die Arbeit nun eine andere Qualität, da er sich nicht mehr vollständig den „unternehmerischen" Anforderungen unterwerfen muß, denn „*jetzt kann ich frei arbeiten. Voher mußte ich ja immer sehen, nur nach dem Wunsch der Kunden und durfte ich keine falsche Lippe riskieren, weil ich ja noch einen Aufschlag brauchte, angesichts meiner finanziellen Verpflichtungen.*" Herr C hebt deutlich hervor, daß er einen bestimmten Lebensstil als Selbständiger leben kann: „*Und so bin ich selbständig, ein Freiberufler, ein freier Erfinder und habe heute noch was zu bieten. Und wie jeder Freiberufler, der noch was zu bieten hat und noch aktiv ist, brauch' ich mir zum Glück nicht von irgend jemand vorschreiben zu lassen, wann ich aufzuhören habe oder was ich zu tun habe.*" Er ist sein eigener Herr und kann machen, was er will.

Der größte Teil der weiterhin Erwerbstätigen versucht, seine Tätigkeit im Ruhestand als marginal zu beschreiben, bezeichnet die Arbeit als Hobby oder als eine unter mehreren Beschäftigungen, deren erwerbsförmigem Charakter eine geringe Bedeutung zukomme: „*Das ist kein Arbeiten mehr. Rauf, ´ne Tasse Kaffee trinken und das bekakeln, was da zu bereden ist und.... Das zählt für mich zu den Hobbies!*" Der RentnerInnen-Status erlaubt Ihnen, die inhaltlich gleichen Tätigkeiten plötzlich als Freizeitvergnügen zu erleben: „*An sich, wie gesagt die gleiche Arbeit, nur das Schöne daran ist, daß ich jetzt eben dann gehe, wenn ich Lust habe – nicht muß – das ist der Unterschied.... weil die jetzt meinen Hobbies entspricht, ja?*" Die einstige Angst um einen möglichen Arbeitsplatzverlust ist mit der Verrentung gewichen und das Renteneinkommen stellt eine finanzielle Sicherheit dar, auf die man sich bis zum Lebensende verlassen kann. Diese Randbedingungen schlagen unmittelbar auf die Arbeitshaltung durch, die, wenn der alte Betrieb noch einmal auf das Expertenwissen der langjährigen MitarbeiterInnen zurückgreifen will, selbstbewußt und entspannt erscheint. Herr D, der als Buchhalter tätig ist, leitet aus seinem umfangreichen Erfahrungswissen die Hartnäckigkeit ab, Arbeitsabläufe in der ihm gewohnten Routine nach eigenem Ermessen zu erledigen: „*Mich nochmal umstellen auf andere – und vor allen Dingen, man müßte sich dann dieses und jenes sagen lassen – das brauche ich nicht.*" Und Herrr E, der weiterhin Entwürfe fertigt, behauptet gar von sich: „*Wie gesagt, ich würde auch ein paar Stunden nur so hingehen, ohne Bezahlung, ja? Eben, weil mir es auch noch Spaß macht, ja? Aber es gab dann kein... kein Zwangsdasein, kein Muß – muß eben dann wirklich noch Spaß machen und so ist es ja. In dem Sinne sehe ich das auch nicht als Erwerb.*"

Mit dieser Einstellung eröffnen die weiterbeschäftigten RentnerInnen ihren Betrieben ungeahnte Flexibilisierungschancen. Je nach Arbeitsanfall stehen diese älteren Menschen den Betrieben zur Verfügung, ohne auf Feierabend und Überstunden, Wochenenden und Urlaubszeiten zu pochen. Die Erfordernisse technisch-organisatorischer Abläufe werden von den Beschäftigten stattdessen reibungslos in die eigenen Zeitverwendungsmuster integriert. *„Wenn jetzt ‚Not am Mann' ist, dann komme ich heute auch noch, dann mache ich auch schon mal Spätdienst außer der Reihe"* berichtet etwa Frau G. Und auch Herr B, der seine Firma in technischen Fragen berät, sagt von sich: *„Wenn ich das wirklich weiß, daß das was ganz Wichtiges ist, dann mach' ich das auch ohne Diskussion. Dann wird's eben auch schnell erledigt."* Weil zwischen Firmenleitung und Beschäftigten über die Jahre der regulären Erwerbsarbeit intensive soziale Beziehungen entstanden sind, *„... haben wir auch nicht Buch geführt oder wie das jetzt genau... ob ich da nun eine Stunde länger oder weniger... das gebe ich selbst an. Also, das ist schon ein Vertrauensverhältnis, ja?"*

5.3 Erwerbstätigkeit als Quelle der Sinnstiftung im Rentenalter

Bei sämtlichen von uns interviewten erwerbstätigen RentnerInnen besteht eine hohe Akzeptanz gegenüber ungesicherten Beschäftigungsverhältnissen. Die Arbeitsverhältnisse im Ruhestand haben offensichtlich nicht nur für die ArbeitgeberInnen, sondern auch für die betroffenen RentnerInnen eine andere Qualität als die Arbeitsverträge vor der Verrentung. Nicht ein einziger bemängelte die unzureichende Absicherung bzw. das Fehlen einer vertraglichen Basis überhaupt. Häufig wurde dies mit Hinweis auf die freundschaftlichen Beziehungen mit der Geschäftsleitung abgetan.

Diese Bereitschaft, sich mit zum Teil äußerst prekären Arbeitsbedingungen abzufinden, wird verständlich durch die weitgehend andere Bedeutung, die der nachberuflichen Tätigkeit im Vergleich zur regulären Berufsarbeit beigemessen wird. Nachberufliche Erwerbstätigkeit ist in der Regel vom Zwang der Existenzsicherung entlastet und bietet insoweit die Möglichkeit, bei der Wahrnehmung und bei der Interpretation der eigenen Arbeit solche Aspekte in den Vordergrund zu rücken, auf die bisher größtenteils verzichtet werden mußte: Autonomie, Selbstbestimmung, Kontakte und Kommunikation, Anerkennung, Zeitsouveränität etc. Insofern scheint auch für eine Erwerbstätigkeit neben dem Rentenbezug zuzutreffen, was für die Aufnahme einer Nebenerwerbstätigkeit ganz allgemein schon festgestellt wurde: Daß nämlich „ein in der Haupterwerbstätigkeit nicht oder nur unzureichend erfüllter Anspruch an ein Arbeitsplatzmerkmal zur Aufnahme einer Nebenerwerbstätigkeit führen (kann)." (SCHWARZE 1994, S. 243) Der Wunsch zur nachberuflichen Erwerbstätigkeit vermag somit häufig dem Motiv entspringen, die während der regulären Berufsarbeit allzusehr vermißten positiven Merkmale von Arbeit nachträglich zu realisieren. Hierfür spricht auch, daß eine weitgehende Mitbestimmung über die Arbeitskonditionen, insbesondere über die zeitliche Dauer und Lage sowie die Häufigkeit der Arbeitsverrichtungen für fast alle befragten RentnerInnen eine wichtige Grundvoraussetzung für die Aufnahme oder die Weiterführung einer Erwerbstätigkeit ist.

Wenn die von uns Interviewten auch teilweise die Idee, Ruhestand und Erwerbstätigkeit im Rahmen einer gesetzlich geregelten Altersteilzeit zu verbinden, positiv beurteilen, sahen die erwerbstätigen RentnerInnen für sich keine Möglichkeit zur Partizipation an Teilrentenmodellen, wie sie beispielsweise das Rentenreformgesetz von 1992 vorsieht. Für einige ist diese gesetzliche Möglichkeit erst nach der eigenen Verrentung und damit zu spät inkraft getreten, anderen war diese Möglichkeit vorher gar nicht bekannt. Ein Teil gab an, daß man dieses Modell zum gleitenden Übergang in den Ruhestand schließlich nicht gewählt habe, da es sich finanziell gegenüber Vollrente und Nebenerwerbstätigkeit nicht rechnet.

Insbesondere in der Konfrontation unserer Ergebnisse mit denen von KOHLI ET AL. zeigen sich neben Gemeinsamkeiten einige bemerkenswerte Unterschiede, die durch die Auswahl verschiedener Stichproben und durch unterschiedliche Zugänge bedingt sind. Während KOHLI ET AL. ihre Rentner in einem von ihnen ausgemachten „typischen" Tätigkeitsfeld für Rentner, den Wachdiensten fanden, hat diese Selektion in unserer Untersuchung nicht stattgefunden. Die RentnerInnen unserer Stichprobe sind in einer sehr großen Bandbreite von Tätigkeiten zu finden, einen nach landläufiger Auffassung „typischen" RentnerInnenjob bekleidet kaum einer von ihnen. Gemeinsam ist den von uns interviewten RentnerInnen mit denen der Berliner Untersuchungsgruppe, daß sie eher zu den Gutsituierten gehören, die wohl kaum aus finanziellen Gründen nach der Verrentung weiterarbeiten müssen (KOHLI ET AL. 1993, 87). Trotzdem müssen wir betonen, daß es auch solche erwerbstätigen RentnerInnen gibt, die materiell schlecht ausgestattet sind und aus finanziellen Gründen einer Alterserwerbstätigkeit nachgehen. Nur zeigten sich diese älteren Menschen kaum zu einem Gespräch bereit.

Für die von uns befragten erwerbstätigen RentnerInnen läßt sich darüberhinaus ein starkes Engagement während der Erwerbsphase im Beruf ausmachen, das durch eine hohe Bereitschaft zu ehrenamtlichen Tätigkeiten ergänzt wird. Und doch gehört für die Mehrheit unserer GesprächspartnerInnen die vorzeitige, oftmals unfreiwillige Beendigung der regulären Berufsarbeit zur biographischen Erfahrung.

Zu den größten Unterschieden zwischen den von KOHLI ET AL. befragten Mitarbeitern der Wachgesellschaft und unseren GesprächspartnerInnen zählt sicher die Krise, die jene nach der Verrentung erlebten: das Gefühl, überflüssig und unausgelastet zu sein. Dieses Gefühl beschrieben von unseren Befragten lediglich zwei Frauen, bei denen die krisenhaften Situationen in einem Fall in einer Phase der Arbeitslosigkeit vor dem Erreichen der Altersgrenze und vor Aufnahme ihrer jetzigen Tätigkeit, im anderen Fall nach dem Tod des Mannes eintrat. Entsprechend fehlt auch in unserer Untersuchung weitgehend das von KOHLI ausgemachte Motiv, die Aufnahme einer nachberuflichen Erwerbstätigkeit als Krisenmanagementstrategie zu nutzen. Stattdessen handelt es sich bei unseren Befragten weitgehend um Menschen, die bereits zu einem früheren Zeitpunkt versuchten, der mit dem Renteneintritt drohenden Zäsur in der Biographie entgegenzusteuern. Einzelne Rentner wirkten bereits während der Berufsphase geradezu gezielt auf den Ruhestand und eine Nebenerwerbstätigkeit hin. Dort, wo die Ausgliederung aus der regulären Berufsarbeit krankheitsbedingt recht unmittelbar erfolgte, erwiesen sich immerhin langjährig gepflegte Sozialkontakte als spontane Brücke in eine nachberufliche Erwerbstätigkeit. Insbesondere die verrenteten Erwerbstätigen begreifen die überwiegend zeitreduzierte Fortführung bereits vertrauter Tätigkeiten dabei als wichtigen Beitrag zur Alterungsprävention.

Um ihre subjektive Einordnung in den Zwischenstatus nach der Erwerbstätigkeit und vor dem eigentlichen Ruhestand zu bewältigen, bedienen sich unsere RentnerInnen eines Erklärungsmusters, das dem „Deutungsmuster Rentnerjob“ recht nahekommt: Zwar sind die RentnerInnen noch bereit, sich zu engagieren, jedoch in einem weitaus geringerem Maß als früher. Die Arbeit, die sie noch übernehmen, üben sie freiwillig und nicht unter Druck aus. Entscheidend für die Arbeitsmotivation ist weniger der zu erwartende Verdienst, als die Übernahme einer als sinnvoll interpretierbaren Tätigkeit und der soziale Kontakt.

Das Problem, einen geringeren sozialen Status im „Rentnerjob“ gegenüber der Umwelt rechtfertigen zu müssen, haben die von uns Befragten nicht. Viele haben noch immer – zumindest in Restbeständen – dieselben Verantwortungsbereiche wie früher bzw. arbeiten innerhalb bereits vertrauter und bewährter sozialer Zusammenhänge. Sie haben daher wenig Probleme, ihre Tätigkeiten vor anderen zu legitimieren. Legitimationsbedürftig scheint dagegen die Tatsache zu sein, daß man zu Zeiten anhaltender Massenarbeitslosigkeit trotz Bezuges einer existenzsichernden – in vielen Fällen sogar einer durchaus überdurchschnittlichen – Rente einer Erwerbstätigkeit nachgeht. Um mit diesem von allen wahrgenommenen, moralisch begründeten Zwiespalt und drohendem Vorwurf fertig zu werden, wenden die Befragten für sich unterschiedliche Strategien an: Während die einen ihre Tätigkeit als marginal oder auslaufend beschreiben, legen andere Wert darauf, von den ArbeitgeberInnen aufgrund ihrer spezifischen beruflichen Erfahrung zur Weiterarbeit aufgefordert worden zu sein. In den meisten Fällen wird die Tatsache, daß es sich bei der von ihnen ausgeübten Tätigkeit um eine bezahlte handelt, eher heruntergespielt. Diese Haltung reicht in immerhin drei Fällen bis zur Ablehnung von Bezahlung für die geleistete Arbeit überhaupt. Aus der Perspektive der Beschäftigten stellt sich RentnerInnenarbeit damit weniger unter dem Verwertungsaspekt berufserfahrener, zeitlich flexibler, finanziell abgesicherter und gewerkschaftspolitisch abstinenter Arbeitskräfte dar, sondern erscheint als selbstbewußt eingeforderte Teilhabe am Arbeitsleben mit besonderer Bedeutung der sozialen Dimensionen von Erwerbsarbeit. Die erwerbstätigen RentnerInnen bestätigen mit ihrer Orientierung auf Arbeit als Quelle sinnstiftender Tätigkeiten im höheren Erwachsenenalter einmal mehr, daß sich das normative Potential der sogenannten Arbeitsgesellschaft noch längst nicht erschöpft hat.

Eines der wichtigsten Ergebnisse dieser Studie ist somit die Erkenntnis, daß es in der Gruppe der Menschen, die die reguläre Altersgrenze überschritten haben, eine nicht unbeträchtliche Anzahl gibt, die auch im fortgeschritteneren Lebensalter nicht auf die psycho-sozialen Funktionen von Arbeit verzichten wollen und bereit sind, dafür auch ungeschützte Beschäftigungsverhältnisse einzugehen. Entscheidend ist dabei, daß dies vor dem Hintergrund der materiellen Abgesichertheit durch eine Altersrente geschieht, wodurch die Arbeitstätigkeit im Rentenalter als eine autonome und freiwillige Entscheidung wahrgenommen und interpretiert wird. In der Vieldimensionalität der Arbeit tritt bei den erwerbstätigen Ruhegeldbeziehern somit weniger der wertbildende und anspruchsbegründende Aspekt hervor, sondern eher der Anerkennung verschaffende, der Identität konstituierende und der sozialintegrative.

6 Die betriebliche Seite der RentnerInnen-Beschäftigung

Über das Ausmaß und die Gründe der betrieblichen Nutzung verrenteter Arbeitskräfte ist, wie bereits in Kapitel 1.2 dargestellt, bislang erst wenig bekannt. Die wenigen empirischen Untersuchungen zum Phänomen RentnerInnenarbeit konzentrieren sich eher auf strukturelle und biographische Aspekte des Arbeitskräfteangebots (KOHLI ET AL. 1992 und 1993, PISCHNER/WAGNER 1992, EMNID 1993, WARNKEN 1993) als auf die Seite der betrieblichen Nachfrage nach verrenteten Arbeitskräften. Lediglich KOHLI ET AL. geben mit ihrem Deutungsmuster „Rentnerjob" erste, auf die betriebliche Seite des Phänomens weisende Anregungen: Danach setzen Betriebe RentnerInnen, denen die vergesellschaftenden Momente der Erwerbsarbeit wichtiger sind als das verdiente Geld, bevorzugt dort ein, wo nur starke Subjektorientierungen die Monotonie der Tätigkeiten erträglich machen können. Insbesondere für die Besetzung von Aufsichts- und Bewachungsfunktionen im Dienstleistungsbereich scheinen sich Rentnerinnen und Rentner besonders anzubieten. Bisher konnten jedoch über diesen Tätigkeitsbereich hinaus kaum fundierte Aussagen über das Phänomen RentnerInnenarbeit gemacht werden.

Erste Hinweise auf die *betrieblichen* Hintergründe von RentnerInnenarbeit lieferte unsere im Jahre 1993 durchgeführte schriftliche Kurzbefragung von 800 aus dem Mitgliederbestand der Industrie- und Handelskammer, der Handwerkskammer sowie der Landwirtschaftskammer zufällig ausgewählten Betrieben.

6.1 Betriebsstrukturelle Merkmale von RentnerInnenarbeit

Zunächst zeigte sich der Trend zur frühzeitigen Ausgliederung älterer ArbeitnehmerInnen als ungebrochen. In 35% aller von uns befragten Betriebe, die jemals einen Verrentungsfall hatten, nahmen und nehmen langjährige Rentenversicherte die Möglichkeiten des vorgezogenen Altersruhegeldes wahr und scheiden noch vor Erreichen des 65. Lebensjahres aus dem Betrieb aus. In 22,2% aller Unternehmen werden ergänzend andere Frühverrentungsformen in Anspruch genommen. Nach Auslaufen des Vorruhestandsgesetzes handelt es sich hierbei schwerpunktmäßig um betriebliche Angebote an ältere Belegschaftsangehörige, einer betriebsbedingten Kündigung zuzustimmen, um nach einer Phase der Arbeitslosigkeit vorzeitig rentenberechtigt zu werden. In der Regel werden die zu erwartenden Differenzbeträge zwischen Erwerbseinkommen und Arbeitslosengeld seitens der Betriebe durch Abfindungsbeträge ausgeglichen.

Trotz des anhaltenden Trends zur Frühverrentung nutzt eine Vielzahl der Betriebe die gesamte Bandbreite der Verrentungsmöglichkeiten bis hin zur Weiterarbeit über den Verrentungszeitpunkt hinaus. Kaum ein Betrieb beschränkt sich auf ausschließlich einen altersselektiven Ausgliederungspfad. Vielmehr werden die einzelnen Rentenzugangsarten flexibel je nach Anpassungsbedarf gegenüber Absatzmarkt und Personalbestand eingesetzt. Betriebe, die RentnerInnen beschäftigen, unterscheiden sich hierbei in keiner Weise von solchen Betrieben, die dieses Arbeitskraftpotential nicht in ihre Personalplanungen einbeziehen. Der Vermutung, daß RentnerInnen-Arbeitgeber dem Einsatz älterer Arbeitskräfte gegenüber prinzipiell aufgeschlossener wären, muß insofern widersprochen werden, als daß in diesen Betrieben ebenso häufig Beschäftigte in den vorzeitigen Ruhestand entlassen werden wie in Vergleichsbetrieben ohne erwerbstätige RentnerInnen.

Abbildung 14: Anteil RentnerInnen beschäftigender Betriebe je Branche

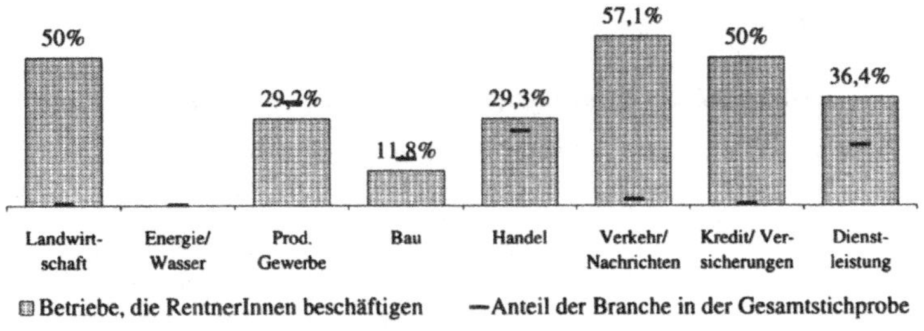

Besonders häufig greifen Betriebe der Kredit- und Versicherungswirtschaft (50%), der Landwirtschaft (50%) sowie des Verkehr- und Nachrichtengewerbes (57%) auf Rentnerinnen und Rentner als Aushilfen zurück. Hohe Quoten konnten darüberhinaus im Dienstleistungsbereich (36%) und im Handel (29%) ermittelt werden. In diesen fünf Branchen liegt die Zahl der Betriebe, die Rentnerinnen und Rentner beschäftigen, jeweils über dem Anteil der Betriebe an der Gesamtstichprobe (vgl. *Abbildung 14*). Von den befragten Betrieben des produzierenden Gewerbes gaben 29% an, RentnerInnen zu beschäftigen. Unterrepräsentiert ist diese prekäre Form der RentnerInnenarbeit offenbar im Bau-Gewerbe, wo aber angesichts der besonders belastenden Arbeitsbedingungen immer noch erstaunliche 11,8% aller Betriebe RentnerInnen Arbeit geben.

Auffällig häufig beschäftigen Betriebe mit 50 bis 99 sozialversicherungspflichtigen MitarbeiterInnen extern angeworbene Rentnerinnen und Rentner. In 46,2% aller Betriebe dieser Beschäftigtengröße sind erwerbstätige RuheständlerInnen anzutreffen, 27,4% der Kleinbetriebe mit weniger als 50 MitarbeiterInnen und 27,3% der Betriebe mit einem Personalstand zwischen 100 und 499 engagieren RuheständlerInnen (vgl. *Abbildung 15*). Unter den Großbetrieben mit mehr als 500 Festangestellten konnten wir RentnerInnenarbeit bislang nicht nachweisen, was eventuell jedoch auf den Feldzugang und die methodische Grundkonzeption der Untersuchung zurückgeführt werden kann: Da die von uns versandten Fragebögen von den jeweiligen Personalverantwortlichen zentral für das gesamte Unternehmen beantwortet wurden, konnten geringfügige Beschäftigungsverhältnisse, die in Folge einer Dezentralisation von betrieblichen Entscheidungskompetenzen außerhalb der Personalverwaltung – etwa aus autonom zu verfügenden Sachmitteletats – abgeschlossen werden, bevorzugt durch unser Erhebungsnetz fallen. Schließlich läßt sich auch für 20,5% der Betriebe ohne versicherungspflichtig Beschäftigte RentnerInnenarbeit nachweisen. Wenn auch reine „Einmann-Betriebe" vorab herausgerechnet wurden, kann nicht abschließend geklärt werden, ob sich hinter den dort aktiven RentnerInnen mithelfende Familienangehörige oder der Seniorchef selbst verbergen, oder aber gezielt ausschließlich nicht-versicherungspflichtige Beschäftigungsverhältnisse – eventuell auch in größerem Umfang – eingegangen werden.

Abbildung 15: Anteil RentnerInnen beschäftigender Betriebe je Betriebsgrößenklasse

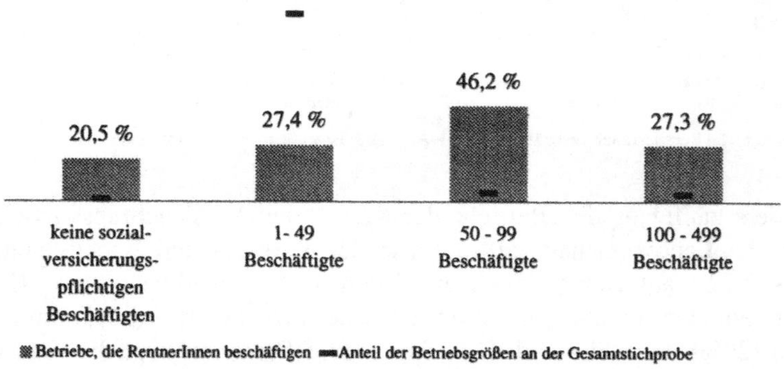

Die Vermutung, daß die generelle Bereitschaft von Betrieben, RentnerInnen zu beschäftigen, statistisch eindeutig mit der jeweiligen Branchenzugehörigkeit und der Beschäftigtengröße zusammenhängt, kann allerdings mit diesen Zahlen nicht bestätigt werden. RentnerInnenarbeit findet zwar vorrangig in kleineren Betrieben mit 50 bis 100 Beschäftigten und gemessen an der Branchengröße überproportional oft in Kredit- und Versicherungsunternehmen, in der Landwirtschaft, im Verkehrs- und Nachrichtengewerbe, in Dienstleistungsbetrieben und in der Handelsbranche statt, verallgemeinernde Schlüsse dürfen hieraus allerdings nicht gezogen werden. Vermutlich sind die Tätigkeitsfelder der RentnerInnen innerhalb der jeweiligen Branchen so heterogen, daß sich kaum ein Wirtschaftszweig für RentnerInnenarbeit als völlig ungeeignet erweist. Selbst in Branchen mit extremen physischen Arbeitsbelastungen finden sich erwerbstätige RentnerInnen. Die Baubranche – bekannt für hohen Gesundheitsverschleiß und frühen Rentenzugang durch Berufs- und Erwerbsunfähigkeiten – bildet zwar gewissermaßen das „Schlußlicht“ des Phänomens RentnerInnenarbeit, aber selbst dort werden Rentnerinnen und Rentner erwerbsförmig beschäftigt. In der Landwirtschaft dagegen ist RentnerInnenarbeit gerade trotz hoher körperlicher Belastungen so weit verbreitet, weil akute Nachwuchsprobleme und oftmals mangelnde Altersversorgungen die gesamte Branche prägen.

Prekäre Beschäftigungsverhältnisse sind insgesamt weiter verbreitet, als wir es angenommen hatten. Dabei spielen erwerbstätige RentnerInnen als Beschäftigtengruppe eine deutlich größere Rolle als bislang vermutet. 36,4% aller Betriebe, die in irgendeiner Form geringfügige Beschäftigungsverhältnisse eingehen, greifen auf verrentete Arbeitskräfte zurück. Damit haben Rentnerinnen und Rentner im Bereich randständiger Tätigkeiten eine vergleichbare quantitative Bedeutung wie SchülerInnen und StudentInnen, die in 36,8% dieser Betriebe das Aushilfspersonal stellen. *Gemittelt über das gesamte Sample kommen wir zu dem erstaunlichen Ergebnis, daß in mehr als jedem vierten Unternehmen Rentner bzw. Rentnerinnen auf Aushilfsbasis beschäftigt werden:insgesamt 28,5% aller befragten Betriebe gaben an, daß bei ihnen Rentnerinnen oder Rentner arbeiten.*

Das von der Bundesregierung initiierte Teilrentenmodell hat – anders als die vom Sozialstaat bislang aufgefangenen betrieblichen Strategien der vollständigen Frühausgliederung und die sozialrechtlich eindeutig geregelten Möglichkeiten zur Weiterarbeit über den regulären Verrentungszeitpunkt hinaus – nach unseren empirischen Ergebnissen im betrieblichen Handlungszusammenhang bislang keinen quantitativ bedeutenden Platz einnehmen können. Nur in drei der befragten Unternehmen wurden Teilzeitangebote bei gleichzeitigem Teilrentenbezug bereits realisiert. Dabei handelt es sich um je einen Betrieb aus dem verarbeitenden Gewerbe, der Baubranche und dem Bereich Handel mit jeweils nur geringer Belegschaftsgröße. Wenn überhaupt Teilzeitarbeitsplätze für Ältere eingerichtet werden, so geschieht dies bevorzugt unter der Bedingung des Vollrentenbezuges. Immerhin 7,2% der untersuchten Betriebe geben an, mit langjährigen Beschäftigten nach der Verrentung ein neues Beschäftigungsverhältnis auf Teilzeitbasis eingegangen zu sein. Diese ehemals vollzeit Beschäftigten repräsentieren nach unserer Begriffsdefinition Weiterbeschäftigte, die auch noch nach dem Rentenbezug ihrem angestammten Betrieb als Arbeitskräfte zur Verfügung stehen. Das Beschäftigungsverhältnis stellt, auch wenn es zeitreduziert und möglicherweise inhaltlich neu definiert wird, sowohl für den Betrieb als auch für die beschäftigten RentnerInnen eine Kontinuierung der sozialen Bindungen zum Betrieb dar.

Im Falle der Wiederbeschäftigung älterer Belegschaftsangehöriger nach der Verrentung kann generell nicht ausgeschlossen werden, daß die regulären Beschäftigungsverhältnisse bewußt frühzeitig aufgelöst wurden, der Großteil der bisher anfallenden Personalkosten damit auf den Sozialstaat abgewälzt und somit ein begrenzter, externer Arbeitsmarkt mit gut qualifizierten, berufserfahrenen, materiell grundversorgten, flexibel einsetzbaren Arbeitskräften geschaffen wurde. Ob sich der jeweilige Betrieb aus diesem „Pool“ ehemaliger Beschäftigter bedient oder nicht, kann kurzfristig je nach saisonaler oder konjunktureller Lage entschieden werden. Die Beschäftigungsrisiken älterer ArbeitnehmerInnen sind für den Betrieb in jedem Fall erfolgreich abgewendet: Einerseits schlagen gesundheitsbedingte Fehlzeiten betrieblicherseits nicht mehr zu Buche, wenn Arbeitseinsätze nur noch auf Honorarbasis bezahlt werden. Andererseits können den teuren Prinzipien der Senioritätsentlohnung die „Spitzen“ genommen und die gleichen Arbeitsplätze kostengünstiger mit jüngeren Arbeitskräften besetzt werden.

Die Weiterbeschäftigung im angestammten Betrieb mag aus Sicht der erwerbstätigen Rentnerinnen und Rentner dem häufig geäußerten Wunsch nach gleitenden Übergängen zwischen Erwerbs- und Ruhestandsphase entsprechen. Für die Betriebe hingegen scheinen andere Gründe als die Idee des gleitenden Übergangs in den Ruhestand den Ausschlag zugunsten von RentnerInnenarbeit zu geben. Andernfalls müßte sich eine weitere Verbreitung der mit dem Rentenreformgesetz 1992 eingeführten Möglichkeit der schrittweisen Arbeitszeitreduktion nachweisen lassen. Die Koppelung von Teilzeitarbeit und Teilrentenbezug wird in den untersuchten Betrieben de facto nicht praktiziert, weil dieses Teilrentenmodell für die Betriebe keine rechnerischen Vorteile bringt. Im Gegenteil ist es für ein Unternehmen, das beabsichtigt, einen älteren Mitarbeiter bzw. eine Mitarbeiterin über den Verrentungszeitpunkt hinaus zu beschäftigen, sowohl finanziell wie auch rechtlich günstiger, zunächst das reguläre Arbeitsverhältnis zu beenden, um dann ein neues, gegebenenfalls geringfügiges Beschäftigungsverhältnis anzubieten, da in diesem Fall ein Großteil der Lohnnebenkosten entfällt. Solange Frühverrentung und Wiederbeschäftigung ehemaliger, älterer Belegschaftsangehöriger auf Geringfügigkeitsbasis gestattet sind, wird das Teilrentenmodell betrieblicherseits keinen stärkeren Zuspruch erfahren, zumal nebenbeschäftigte VollrentnerInnen häufig höhere Monatseinkommen erzielen als teilzeitbeschäftigte TeilrentnerInnen. Welche Konsequenzen sich für diese Praxis aus der Heraufsetzung des Rentenzugangsalters und den eingeführten Rentenabschlägen bei vorzeitiger Inanspruchnahme einer Altersrente ergeben werden, ist abzuwarten.

Daß in den Betrieben *generell* keine langfristig *gezielte* Nutzung verrenteter Arbeitskräfte geplant ist, dafür sprechen die Zahlen hinsichtlich der Zukunftsperspektive dieser Beschäftigungsverhältnisse. Zwar äußern rund 17% aller Betriebe künftiges Interesse gegenüber RentnerInnenarbeit[26], aber nur ein Drittel der derzeitigen RentnerInnen-Arbeitgeber denkt an eine dauerhafte Perspektive der RentnerInnenrekrutierung. Auffällig hoch (62,4%) ist die Zahl derjenigen RentnerInnen beschäftigenden Unternehmen, die perspektivisch auf diese Personengruppe verzichten wollen. Bis auf die Dienstleistungsbranche, in der 59,1% der Firmen zukünftiges Interesse an diesem Arbeitskräftepotential bekunden, überwiegt in allen anderen Wirtschaftszweigen die Zahl der Unternehmen, die für die Zukunft keine festen Absichten zur RentnerInnenarbeit verfolgen. Im verarbeitenden Gewerbe erwägen nur 45,2%, im Handel 29,2%, in der Baubranche 12,5% und in den übrigen Branchen keiner der Betriebe eine konsequente Fortführung der Beschäftigung von Rentnerinnen und Rentnern. Die strategische Aufmerksamkeit für RentnerInnenarbeit ist in Betrieben mit geringerer Beschäftigtenzahl eindeutig stärker ausgeprägt als in den größeren Unternehmen.

Dies mag darauf hindeuten, daß ein Großteil der aktuell geleisteten RentnerInnenarbeit in den Bereich betrieblicher Nicht-Entscheidungen fällt und als Einzelfall-Lösung nicht auf Wiederholung angelegt ist. Es kann jedoch auch ein Indiz dafür sein, daß Betriebe, die RentnerInnen beschäftigen, prinzipiell keine langfristigen Beschäftigungszusagen machen können bzw. wollen. Mit Blick auf den schwer abschätzbaren künftigen Personalbedarf und das Arbeitskräfteangebot können gerade in kleineren Betrieben flexible Anpassungsprozesse an die jeweiligen arbeitsrechtlichen Chancen und Restriktionen nötig sein. Hinzukommt, daß zum Zeitpunkt unserer Befragung bereits erkennbar war, daß die sozialversicherungsrechtlichen Rahmenbedingungen des Übergangs von der Berufsarbeit in den Ruhestand einer Änderung zugeführt werden würden. Mit dem jüngst durch den Bundestag verabschiedeten „Programm für mehr Wachstum und Beschäftigung" haben sich die rechtlichen Rahmenbedingungen für Erwerbsarbeit im Alter für die Betriebe tatsächlich grundlegend verändert. Weitere sozialpolitische Korrekturen, etwa hinsichtlich der Hinzuverdienstmöglichkeiten zur Rente oder der Versiche-

26 Auch hier sind die kleineren Branchen Kredit/Versicherungen, Landwirtschaft, Energie/Wasser sowie Verkehr/Nachrichten überproportional vertreten. Betriebe mit 50 bis 99 Beschäftigen äußern häufiger Zustimmung.

rungsfreiheit und Lohnsteuerpauschalierung bei geringfügigen Beschäftigungsverhältnissen, würden zusätzlich unmittelbare Auswirkungen auf die Attraktivität dieses Arbeitskräftepotentials haben. Wenn RentnerInnen zu alt sind und zu teuer bezahlt werden müssen, werden vermutlich andere Personengruppen betriebliche Flexibilitätslücken schließen. Hat der Frühverrentungstrend hingegen Bestand und steigt die Zahl jüngerer, erwerbsarbeitsorientierter RentnerInnen[27], die problemlos zur Rente hinzuverdienen dürfen, dann wird auch in Zukunft mit einer erheblichen Verbreitung von RentnerInnenarbeit zu rechnen sein.

Die Frage, ob diesen Arbeitskräfte aufgrund ihrer (vermuteten) funktionalen und extrafunktionalen Qualifikationen speziell für sie reservierte Aufgabenbereiche zugewiesen werden, kann noch nicht beantwortet werden; die Auswirkungen von Rentnerarbeit auf die Struktur des Arbeitsplatzangebotes insgesamt und auf die Formen der innerbetrieblichen Arbeitsteilung sind noch ungewiß. Sicher ist aber, daß betrieblicherseits ein großes und möglicherweise auch ein breites Angebot an Arbeitsplätzen, auf denen RentnerInnen als flexible Arbeitskräfte eingesetzt werden können, existiert. Dabei ist noch offen, ob erwerbstätige RentnerInnen im betrieblichen Alltag eher ein Randphänomen oder eine strategisch wichtige Beschäftigtengruppe darstellen. Nach den ersten empirischen Ergebnissen ist es nicht unwahrscheinlich, daß sich sowohl Betriebe finden lassen, die gezielt mit dieser Personengruppe operieren, wie auch solche, in denen der/die erwerbstätige RentnerIn eine Schattenexistenz außerhalb der personalplanerischen Aufmerksamkeit führt.

Ob Betriebe die Chancen und Risiken des bevorstehenden demographischen Wandels bereits abschätzen können, sollte in den Expertengesprächen mit Personalverantwortlichen aus RentnerInnen beschäftigenden Betrieben geklärt werden. Die bisherigen Ergebnisse deuten zunächst eher nicht darauf hin, daß aus dem sicher zu erwartenden Anstieg der Zahl älterer Menschen ein betrieblicher Aufbruch zur generellen Wertschätzung von Alterserwerbstätigkeit abgeleitet werden kann.

6.2 Fallbeispiele RentnerInnen beschäftigender Betriebe

Nachfolgend sollen die zwanzig eingehender untersuchten Betriebe in kurzen Porträts vorgestellt werden. Hierbei handelt es sich um insgesamt drei Unternehmen, die Rentnerinnen und Rentner bislang ausschließlich über einen externen Arbeitsmarkt rekrutierten, zehn Betriebe, die ausschließlich ehemalige MitarbeiterInnen nach der Verrentung weiterbeschäftigen sowie sieben

27 Begünstigt werden die quantitativen Zuwächse dieses Arbeitsmarktsegments nicht zuletzt durch demographische Veränderungen der Bevölkerungsstruktur. Gleichwohl provoziert der demographische Wandel genau solche sozialpolitischen Kurskorrekturen wie etwa die Anhebung des Rentenzugangsalters und könnte mithin diesen Struktureffekt bremsen.

Firmen, die diese beiden Rekrutierungsformen parallel praktizieren (vgl. *Abbildung 16*). Die Unternehmen werden in diesen drei Untergruppen nach dem zeitlichen Umfang der RentnerInnen-Erwerbstätigkeit in absteigender Reihenfolge sortiert vorgestellt. Eine tabellarische Übersicht über die strukturellen Kennzeichen der zwanzig Betriebe, in denen wir die Personalverantwortlichen interviewten, findet sich im Anhang.

Abbildung 16: Übersicht über Formen der Rekrutierung von RentnerInnen in den zwanzig untersuchten Betrieben

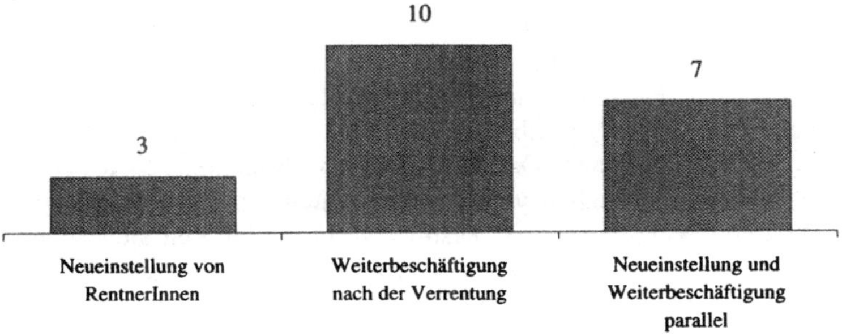

6.2.1 Neueinstellung von Rentnern

Von den drei untersuchten Betrieben, die RentnerInnen ausschließlich extern rekrutieren, entstammen zwei dem produzierenden Gewerbe und einer dem Handel. Alle drei Firmen sind Kleinbetriebe, werden vom Firmengründer und Eigentümer – oder dessen Sohn – geführt und beschäftigen maximal 50 festangestellte Arbeitskräfte.

Automaten- und Gaststättenbetrieb (Nr. 18)[28]

Das Familienunternehmen besteht seit 1953, stellt zum einen Automaten in gastronomischen Betrieben auf und betreibt zum anderen mehrere Spielhallen in der Region. Die rund 50 Beschäftigten sind versicherungspflichtige Festangestellte, die bis auf das technische Personal aus fachfremden Berufen stammen. Über die Jahre hat sich bei der Einstellungspraxis für Spielhallenaufsichten eine Präferenz für ältere MitarbeiterInnen etabliert. Mittlerweile werden in Stellenanzeigen gezielt ältere Arbeitskräfte angesprochen. Einstellungsvoraussetzung ist die Bereitschaft zu einer arbeitsvertraglich geregelten Festanstellung mit Vollzeitarbeit im Drei-Schicht-Betrieb. Die 15 bis 20 beschäftigten Rentnerinnen und Rentner unterliegen keinen Hinzuverdienstgrenzen, über ihre bisherigen Berufsbiographien ist allerdings so gut wie

28 Die Nummern dienen der Betriebsidentifikation in der tabellarischen Übersicht im Anhang.

nichts bekannt. Der Juniorchef, der zeitweilig von seinem Vater und Firmengründer in der Geschäftsführung unterstützt wird, begrüßt die Beschäftigung von RentnerInnen im Aufsichtsbereich, nimmt jedoch von einer perspektivischen Rekrutierung von älteren, verrenteten Arbeitskräften für technische Aufgaben Abstand.

Metallverarbeitender Betrieb (Nr. 20)

1960 wurde der metallverarbeitende Betrieb gegründet, der zunächst Zulieferprodukte für die Automobilindustrie fertigte. In den letzten Jahren hat sich der Unternehmensschwerpunkt im Sinne einer flexiblen Spezialisierung verlagert auf die Entwicklung elektronischer Spezialwerkzeuge in kleinen Stückzahlen. Die Fertigung von Metallteilen für neue Produktentwicklungen wird nunmehr nicht mehr selbst übernommen, sondern an Kleinstbetriebe in der Umgegend übergeben. Das Unternehmen beschäftigt 20 festangestellte MitarbeiterInnen, zusätzlich wurden über Zeitungsinserate bereits mehrfach gezielt handwerklich geschickte Männer gesucht. Zur Zeit sind neben einer Rentnerin, die Reinigungsarbeiten übernimmt, zwei Rentner auf Geringfügigkeitsbasis eingestellt. Die Arbeitseinsätze erfolgen an vier Tagen in der Woche für etwa drei Stunden und zusätzlich nach Absprache. Die beiden Männer erledigen randständige Zuarbeiten, die jedoch im Einzelfall durchaus den Charakter von fachlicher Unterstützung annehmen, da branchenspezifische Berufserfahrungen vorliegen. Das Unternehmen hat schon mehrfach Rentner eingestellt, die jedoch mit ca. 70 Jahren auf eigenen Wunsch wieder aus dem Betrieb ausschieden. Der Personalchef schätzt das Erfahrungswissen und die Flexibilität dieser älteren Mitarbeiter und wird auch in Zukunft diese Beschäftigungsverhältnisse fortsetzen.

Metallverarbeitender Betrieb (Nr. 16)

Der befragte Firmengründer machte sich 1991 mit einem kleinen Betrieb für Metallschleiferei selbständig. Aufgrund der derzeit schlechten Auftragslage sind neben der mithelfenden Ehefrau lediglich zehn Aushilfen im Wechsel beschäftigt, fest angestellte MitarbeiterInnen kann sich der Betrieb für die reinen Anlerntätigkeiten gegenwärtig nicht leisten. Der Kleinunternehmer kann bei Bedarf auf einen Rentner zurückgreifen, der über nicht näher bekannte Berufserfahrungen in der Metallbranche verfügt. Dieser 70jährige Mann hat sich seinerzeit dem Firmenchef als Aushilfe angeboten und wurde vorrangig mit Terminarbeiten, wie etwa dem Nachschleifen von Klingen, beauftragt. Der Vergütung erfolgte nach Anzahl der abgeleisteten Arbeitsstunden mit 19 bis 21 DM brutto pro Stunde. Momentan ist der Rentner nicht beschäftigt, steht jedoch für künftige Aufträge weiterhin zur Verfügung. Unabhängig von der Zufriedenheit mit der kontinuierlichen, zuverlässigen Arbeitsleistung des Rentners will sich der Betriebsleiter angesichts der unsicheren Zukunft seines Unternehmens nicht zu einer Prognose über RentnerInnenarbeit in seinem Betrieb äußern.

6.2.2 Weiterbeschäftigung von älteren MitarbeiterInnen

In vier von uns besuchten Betrieben des produzierenden Gewerbes, einem Betrieb der Baubranche, zwei Großhandelsunternehmen, einem Transportunternehmen und zwei Dienstleistungsbetrieben werden ausschließlich ehemalige MitarbeiterInnen nach der Verrentung weiterbeschäftigt. Sechs dieser Betriebe zählen weniger als 50 Beschäftigte, die vier anderen Unternehmen verfügen über Personalstände von bis zu 100 MitarbeiterInnen. Neben vier Klein- bzw. Familienbetrieben finden sich ein Filialbetrieb und drei Konzernhauptverwaltungen sowie eine gemeinnützige GmbH und ein Betrieb in verbandlicher Trägerschaft.

Sanitär-Handwerk (Nr. 2)

Der Handwerksbetrieb, der vor rund 25 Jahren vom heutigen Seniorchef gegründet wurde, hat sich im Bereich der Sanitärtechnik auf den Bau von Schwimmbädern spezialisiert. Mittlerweile sind die insgesamt zwölf Beschäftigten überwiegend außerhalb der Region, darunter auch mehrfach außerhalb der Bundesrepublik, für potente Privatkunden als Fachkräfte im Einsatz. Obwohl das Unternehmen heute formal von der Tochter und dem Schwiegersohn des Gründerehepaars geführt wird, arbeiten der 68jährige Seniorchef und seine Frau noch aktiv im Betrieb mit. Nach einem bewußt inszenierten Berufsausstieg nach Vollendung des 65. Lebensjahres ließ sich inbesondere der Firmengründer gerne wieder für eine geschäftsführende Mitarbeit gewinnen. Die Ehefrau hilft dagegen stundenweise in der Buchhaltung aus. Darüberhinaus ist der im Betrieb angestellte Sanitär-Handwerksmeister auch nach seiner Verrentung noch vollzeitig als Leiter des technischen Kundendienstes im Betrieb tätig. Die Zusammenarbeit zwischen Chef und Meister rührt bereits aus den Tagen der Firmengründung her und hat dem Angestellten nunmehr zugleich die Funktion eines Gesellschafters der Firma eingebracht. Sowohl der Seniorchef wie auch der weiterbeschäftigte Angestellte beziehen neben einer Firmenrente ihr volles Meistergehalt und haben einen Beratervertrag mit der Firma abgeschlossen. Nach Einschätzungen des Seniorchefs wird der Kundendienstleiter den Betrieb aus gesundheitlichen Gründen in absehbarer Zeit endgültig verlassen. Gegenüber einer zukünftigen Beschäftigung von RentnerInnen äußert sich der Firmengründer nur zurückhaltend.

Metallverarbeitender Betrieb (Nr. 4)

Der Firmeninhaber hat sich mit diesem metallverarbeitenden Kleinbetrieb, in dem schwerpunktmäßig Werkzeugmaschinen gewartet und repariert werden, vor einigen Jahren selbständig gemacht und beschäftigt nunmehr fünf fest angestellte Mitarbeiter und sporadisch einige Aushilfen. Bei dem Aufkauf einer kleinen Pumpenfirma wurde seinerzeit das bereits vorhandene Personal mitübernommen. Dazu zählt auch ein erwerbstätiger Rentner, der als Facharbeiter für die Wartung und Reparatur von Pumpen eingestellt war. Der 66jährige ist nun auch für seinen neuen Arbeitgeber in diesem Bereich als Fachkraft tätig. Seit dem Wegfall der Hinzuverdienstgrenze arbeitet der Rentner, der zunächst geringfügig beschäftigt wurde, 38 Stunden pro Woche im Rahmen eines regulären Arbeitsvertrages. An eine Beendigung des Beschäftigungsverhältnisses wurde bislang noch nicht gedacht, da die Leistungsfähigkeit des Rentners hoch geschätzt wird. Erst im Falle des unübersehbaren Gesundheitsverschleißes käme für den Kleinunternehmer eine Kündigung dieser Arbeitsbeziehung in Betracht. Die Beschäftigung des Rentners fördert nach Auskunft des Firmenchefs maßgeblich die Sozialintegration der gesamten Belegschaft, zukünftiger RentnerInnenarbeit wird insgesamt positiv gegenüber gestanden.

Metallverarbeitender Betrieb (Nr. 7)

Der kleine Familienbetrieb wurde 1925 gegründet und hat sich auf die Herstellung von Maniküre-Instrumenten spezialisiert. Zur Zeit zählt das Unternehmen zehn Beschäftigte, davon arbeiten drei Teilzeit. In der Vergangenheit wurden schon mehrfach ehemalige MitarbeiterInnen nach der Verrentung auf Teilzeitbasis weiterbeschäftigt. Die MitarbeiterInnen standen rund 80 Stunden im Monat bei variabler Arbeitszeit zur Verfügung, um wie gewohnt Kleinmetallteile zu schleifen und zu polieren. Die krankenversicherungspflichtigen Beschäftigungsverhältnisse endeten bisher immer auf Wunsch der RentnerInnen. Wenn in dem Betrieb gegenwärtig auch kein/e RentnerIn beschäftigt ist, so denkt der Firmenchef für die Zukunft gleichwohl an eine Wiederholung dieser bewährten Beschäftigungsform.

Christlicher Verlag und Versandbuchhandlung (Nr. 12)

Der christliche Verlag und die angeschlossene Versandbuchhandlung bestehen bereits seit rund 100 Jahren. Das Unternehmen ist zwar rechtlich selbständig, untersteht jedoch der Trägerschaft durch eine christliche Dachorganisation. Vier der insgesamt acht Beschäftigten sind ehemalige Mitarbeiterinnen, die nach der Verrentung weiterbeschäftigt wurden. Die Rentnerinnen sind mit der Warenversorgung, dem Versand und der Buchhaltung beauftragt; Tätigkeiten, die sie in der regulären Erwerbsphase bereits ausgeübt hatten. Während die für den Versand zuständigen Mitarbeiterinnen täglich zwischen ein und zwei Stunden im Rahmen eines geringfügigen Beschäftigungsverhältnisses arbeiten, ist die Buchhalterin als Teilzeitkraft mit Arbeitsvertrag eingestellt. Der Verlagsleiter ist dem Wunsch der älteren Mitarbeiterinnen, nach der Verrentung im Unternehmen weiterarbeiten zu können, gerne nachgekommen, da er den Fleiß und den Einsatz der betreffenden Arbeitskräfte sehr schätzt. Während die ehemaligen Mitarbeiterinnen für ihn eine optimale Flexibilitätsreserve bedeuten, ist die externe Rekrutierung von Aushilfskräften dagegen kein Thema.

Bäckerei (Nr. 6)

Die Gründung des selbständigen Handwerksbetrieb liegt etwa 60 Jahre zurück, heute sind in insgesamt drei örtlichen Filialen zusammen 60 überwiegend langjährige festangestellte, weibliche Mitarbeiterinnen beschäftigt. Da bereits eine Reihe von Mitarbeiterinnen im Verkauf um eine zeitweise Weiterbeschäftigung nach der Verrentung baten, ist der Betrieb diesen Bitten nachgekommen. Gegenwärtig sind acht ehemalige Festangestellte bei variabler Arbeitszeit aushilfsweise im Verkauf beschäftigt und führen ihre eingeübten Aufgaben weiter. Die geringfügig Beschäftigten arbeiten meistens bis etwa zum 68. Lebensjahr weiter, scheiden dann jedoch aus gesundheitlichen Gründen endgültig aus der Erwerbsarbeit aus. Der Firmenchef ist prinzipiell bereit, RentnerInnenarbeit zu ermöglichen, hat jedoch kein Interesse an extern angeworbenen Arbeitskräften.

Reisebüro (Nr. 10)

Das 1934 gegründete Reisebüro unterhält neben der Zentralverwaltung noch sechs weitere Filialen, darunter zwei außerhalb Nordrhein-Westfalens. Außer den insgesamt 60 festangestellten MitarbeiterInnen beschäftigt das Unternehmen einen Rentner und eine Rentnerin. Der 66jährige Mann ist der ehemalige Personalchef der Firma, der sich seit dem Übergang in den Ruhestand auf den Verkauf von Kreuzfahrten spezialisiert hat. Ca. sechs Stunden pro Woche wendet der Mitarbeiter auf, um einen festen Kundenstamm hinsichtlich dieser Urlaubsangebote zu beraten. Die EDV-mäßige Abwicklung der gebuchten Reisen wird hingegen von regulären Vollzeit-Kräften durchgeführt. Dieses arbeitsvertraglich geregelte Beschäftigungsverhältnis ist im Zuge einer gegenseitigen Vereinbarung zwischen dem ehemaligen Personalchef und seinem Nachfolger zustande gekommen. Formal wird der erwerbstätige Rentner als geringfügig Beschäftigter geführt, ist jedoch weiterhin am Jahresumsatz des Gesamtunternehmens mit einem Erfolgshonorar beteiligt. Die erwerbstätige Rentnerin, die bereits über 80 Jahre alt ist, ist nach Auskunft des derzeitigen Personalverantwortlichen bereits seit „grauer Vorzeit" für das Unternehmen tätig, entstammt aber offenkundig nicht der einstigen

Kernbelegschaft. Zur Aufgabe dieser verrenteten Mitarbeiterin gehört es, täglich die firmeninterne Post zwischen den regionalen Filialen per Privat-PKW zuzustellen. Das Beschäftigungsverhältnis ist zwar ebenfalls im Rahmen der Geringfügigkeitsgrenzen arbeitsvertraglich festgeschrieben, von der jährlichen Sonderzahlung im Rahmen der Erfolgsbeteiligung profitiert die Rentnerin jedoch nicht. Diese beiden Formen der RentnerInnenarbeit erfahren durch den jungen Personalchef zwar einen gewissen Bestandsschutz, werden insgesamt aber eher skeptisch beurteilt. Angesichts der von der regulären Belegschaft durchzuführenden EDV-Nachbearbeitung der Reisebuchungen ist für ihn insbesondere fraglich, ob der beschäftigte Rentner tatsächlich zu einer Arbeitserleichterung für den Gesamtbetrieb beiträgt. Schließlich könne man sich die Beschäftigung von RentnerInnen insgesamt nur leisten, solange die Unternehmensgewinne diese prekären Arbeitsverhältnisse mittragen.

Gebietsspedition (Nr. 8)

Die Gebietsspedition wurde vor ca. 50 Jahren gegründet und unterhält neben der Zentrale in der Region zwei weitere Niederlassungen in Norddeutschland. Das Unternehmen hat sich, um Leerfahrten zu reduzieren, auf sogenannte Paarigkeitsverkehre zwischen festen Einzugs- und Zielgebieten in der Bundesrepublik spezialisiert. Der Kundenstamm ist stabil und vielfältig, bevorzugt werden hochwertige Güter und Zulieferprodukte just-in-time transportiert. Das Unternehmen beschäftigt insgesamt 200 MitarbeiterInnen mit überwiegend langjähriger Betriebszugehörigkeit. Im gewerblichen Bereich dominieren männliche Arbeitskräfte, die entgegen der allgemeinen Tendenz im Speditionsgewerbe fest angestellte Mitarbeiter der Firma sind. Von den langjährigen gewerblichen Mitarbeitern stehen derzeit fünf bis sechs Beschäftigte auch nach der Verrentung noch für Transport- und Lagertätigkeiten zur Verfügung. Die Rentner übernehmen kurzfristig Aufgaben, in denen sie geübt sind. Die Arbeitsleistung schwankt je nach Auftragslage und Personalsituation zwischen selteneren Einsätzen mit 40 bis 45 Arbeitsstunden pro Woche und regelmäßigeren Tageseinsätzen von wenigen Stunden. Die Vergütung erfolgt im Rahmen der Geringfügigkeitsgrenzen, Arbeitsverträge existieren nicht. Mit ca. 70 Jahren scheiden die erwerbstätigen Rentner erfahrungsgemäß endgültig aus dem Betrieb aus. Eine Fortsetzung dieses betrieblichen Personaleinsatzes ist auch zukünftig nicht ausgeschlossen, bildet jedoch lediglich eine Perspektive für Betriebsangehörige. Die externe Rekrutierung von verrenteten Arbeitskräften wird ausdrücklich abgelehnt.

Anlagenbau-Betrieb (Nr. 13)

Das 1920 gegründete Unternehmen gehört nach den Strukturkrisen im Bergbau und massiven Konzentrationsbestrebungen zu den wenigen verbliebenen

Engineering-Betrieben, die mit diversen Kapitalbeteiligungen im Ausland Bergbauanlagen für den internationalen Markt entwickeln. Die Industrieanlagen werden von Zulieferbetrieben gefertigt und von Montagefirmen vor Ort installiert. Nach einem umfangreichen Personalabbau von 20% der Belegschaft in nur drei Monaten verbleiben am lokalen Standort nun noch rund 100 Beschäftigte, die überwiegend hoch qualifiziert und vorrangig mit technischen und administrativen Aufgaben betraut sind. Momentan sind vier ehemalige MitarbeiterInnen im Ruhestand stundenweise auf 560-DM-Basis beschäftigt. Neben der ehemaligen Leiterin der Buchhaltung, die Urlaubsvertretungen in ihrer alten Abteilung übernimmt, stehen drei Männer 20 Stunden pro Monat für spezielle technische Aufgaben bereit. Einer dieser drei Rentner hat sich bereits während seiner Berufstätigkeit privat mit der Videotechnik vertraut gemacht und ist heute für die Bearbeitung der Werbefilme des Unternehmens zuständig.

Kultur- und Freizeitbetrieb (Nr. 15)

1987 wurde ein von der Stadt betriebenes Freibad nebst Eislaufbahn in eine gemeinnützige GmbH umgewandelt, die als Beschäftigungsförderungseinrichtung ein umfangreiches kommunales Kultur- und Freizeitangebot unterhalten und ausbauen sollte. Mittlerweile verfügt das Non-Profit-Unternehmen zusätzlich über einen eigenen Gastronomiebetrieb sowie eine Sauna, führt Gartenbau- und Reparaturaufgaben auf dem Betriebsgelände und für öffentliche Auftraggeber durch und betreut eine Vielzahl privater Freizeitinitiativen. Die nunmehr bestehenden 41 Arbeitsplätze sind überwiegend mit ehemals Langzeitarbeitslosen und auf dem Arbeitsmarkt schwer vermittelbaren arbeitslosen Jugendlichen besetzt und werden aus diversen öffentlichen Haushalten und speziellen Sonderprogrammen finanziert. Zusätztlich steht der Administration die einstmals fest angestellte Sekretärin, die wegen betriebsbedingter Umstrukturierungen ihren Arbeitsplatz aufgab und in den Ruhestand wechselte, stundenweise zur Verfügung. Die 62jährige Mitarbeiterin koordiniert die Freizeitaktivitäten einer Seniorengruppe und hilft bei speziellen Büroarbeiten mit ihrer Fachkenntnis aus. Nach Aussagen der Geschäftsführerin ist diese Form der RentnerInnenarbeit ausdrücklich als eine Entschädigung für den Arbeitsplatzverlust der Beschäftigten konzipiert worden. Wenn die Freizeiteinrichtung auch auf die besondere Berücksichtigung sozialer Aspekte bei der Gestaltung von Beschäftigungsverhältnissen und der Personalauswahl ausgerichtet ist, den Erwerbswünschen von RentnerInnen also durchaus wohlwollend gegenübersteht, so sind spezielle RentnerInnenarbeitsplätze aufgrund mangelnder öffentlicher Zuschüsse künftig jedoch kaum zu realisieren.

Baustoff-Großhandlung (Nr. 3)

Ca. 1960 wurde die Baustoff-Großhandlung als GmbH gegründet und zählt heute dreizehn Niederlassungen plus Zentralverwaltung in der Region. Am lokalen Standort sind dreizehn MitarbeiterInnen zum überwiegenden Teil langjährig beschäftigt, die Personalstruktur ist nach Auskunft des Personalchefs stark überaltert. Der ehemalige Platzmeister, der in der Firma 27 Jahre festangestellt war, steht auf Initiative des Betriebes auch heute noch gelegentlich für Lagerarbeiten zur Verfügung. Bislang wurde der Rentner zwei- oder dreimal für zwei bis drei Tage bei besonderem betrieblichem Bedarf zusätzlich engagiert. Die Vergütung erfolgte im Rahmen eines geringfügigen Beschäftigungsverhältnisses. Gegenüber RentnerInnenarbeit im allgemeinen verhält sich der Personalchef eher zurückhaltend, entscheidend sei die körperliche Leistungsfähigkeit, die im Rentenalter jedoch eindeutig nachlasse.

6.2.3 Betriebe mit kombinierter RentnerInnen-Rekrutierung

Sieben Unternehmen rekrutieren RentnerInnen sowohl aus der eigenen Belegschaft wie auch über einen externen Arbeitsmarkt. Hierbei handelt es sich um einen Betrieb des produzierenden Gewerbes, ein Transportunternehmen, zwei Einzelhandels- sowie drei Dienstleistungsunternehmen. Neben einem Kleinbetrieb sind in dieser Gruppe fünf mittelständische Unternehmen sowie ein Konzernbetrieb vertreten. In allen sieben Fällen werden Rentnerinnen und Rentner derzeit ausschließlich geringfügig beschäftigt.

In drei der Dienstleistungsunternehmen sind ältere, geringfügig beschäftigte MitarbeiterInnen beiläufig verrentet worden, ohne daß dies Einfluß auf das Aushilfsverhältnis gehabt hätte. In diesen Unternehmen werden also Aushilfsbeschäftigungen mit einstmals jüngeren Beschäftigten über den Verrentungszeitpunkt hinaus kontinuiert, ohne daß die Personalverantwortlichen die veränderte Rechtslage der betroffenen MitarbeiterInnen zum Anlaß für neue Personalentscheidungen nehmen. Wenngleich in diesen Betrieben in bestimmten Beschäftigungssegmenten offenbar nie die Absicht bestand, gezielt RentnerInnen anzuwerben, besteht jedoch ein eindeutiges Interesse, langjährige Aushilfen über die gesetzliche Regelaltersgrenze hinaus für reguläre Beschäftigungsverhältnisse an den Betrieb zu binden. Insofern werden hier erwerbstätige RentnerInnen aus der eigenen, allerdings randständigen Belegschaft intern rekrutiert. Gleichzeitig sind in diesen drei Betrieben weitere RentnerInnen extern angeworben worden. Dies geschah entweder gezielt über Zeitungsinserate wie im Fall des Gebäudeservices (Nr. 14) oder aufgrund persönlicher Vermittlung durch den Firmeninhaber des Hotel- und Gastronomiebetriebes (Nr. 19) bzw. durch die bereits beschäftigte Rentnerin, deren Ehemann nun ebenfalls in einem Beerdigungsinstitut aushilft (Nr. 5).

Lebensmitteleinzelhandel (Nr. 17)

Das mittelständische Familienunternehmen besteht in der dritten Generation bereits seit 1907 und gehört heute einer Einkaufsgenossenschaft an. Trotz umfangreicher Renovierungen im zurückliegenden Jahr blieb die gewünschte Umsatzsteigerung bislang aus, die Konkurrenz großer Supermärkte ist deutlich spürbar. Sechzig der siebzig festangestellten Beschäftigten sind Frauen, ein Drittel von ihnen arbeitet Teilzeit. Der Betrieb verfügt darüberhinaus über umfangreiche Erfahrungen mit RentnerInnenarbeit. Bereits mehrfach wurden RentnerInnen extern für Bewachungs-, Reinigungs- und Aufräumarbeiten eingestellt und insgesamt gute Erfahrungen mit der Leistungsbereitschaft dieser Älteren gemacht. Zur Zeit ist eine extern rekrutierte Rentnerin eineinhalb bis zwei Stunden täglich mit Reinigungsarbeiten beauftragt. Darüberhinaus werden vor der Verrentung stehende, langjährige Mitarbeiterinnen gezielt auf weitere Beschäftigungswünsche angesprochen. Momentan sind zwei verrentete Belegschaftsangehörige drei Tage in der Woche für je drei Stunden mit der eigenverantwortlichen Bestückung von Verkaufsregalen für Fachartikel betraut. Alle drei Rentnerinnen sind geringfügig beschäftigt, je nach Hinzuverdienstgrenze und geleisteter Wochenarbeitszeit wurden in der Vergangenheit jedoch auch schon Löhne bis zu 1.000 DM pro Monat gezahlt. Bisher endeten die Beschäftigungsverhältnisse mit RentnerInnen auf Wunsch der MitarbeiterInnen nach einigen Jahren, und auch den heute erwerbstätigen RentnerInnen wird die Wahl des endgültigen Zeitpunktes zum Übergang in den Ruhestand weitgehend selbst überlassen. Aufgrund der guten Erfahrungen mit diesen Arbeitskräften wird auch für die Zukunft eine externe wie interne Rekrutierung verrenteten Personals angestrebt.

Möbelspedition (Nr. 11)

Die Möbelspedition wurde ca. 1950 gegründet und unterhält heute an zwei getrennten, aber regional nah beieinander gelegenen Standorten den gewerblichen und den Verwaltungsbereich. Das Unternehmen beschäftigt durchschnittlich 20 bis 25 MitarbeiterInnen, die Personalfluktuation ist eher hoch. Zur Zeit sind zusätzlich drei Rentner eingestellt, von denen zwei gezielt über Zeitungsinserate angeworben wurden. Je einer der drei Männer im Alter zwischen 60 und 70 Jahren ist mit der Pflege und Führung des Wachhundes, der recyclinggerechten Verpackungsentsorgung sowie mit Aushilfstätigkeiten beim Möbelpacken beauftragt. Sowohl der Hundeführer als auch der Verpakkungsentsorger sind täglich im Betrieb anzutreffen, während der Möbelpakker – ein ehemaliger Vollzeitbeschäftigter des Betriebes – nur sporadisch eingesetzt wird. Während sich der Hundeführer seine genaue Arbeitszeit von ca. zwei Stunden pro Tag weitgehend selbst einteilen kann, ist der Verpakkungsentsorger drei bis vier Stunden fest anwesend. Alle drei Rentner werden auf Stundenbasis bezahlt, Arbeitsverträge existieren nicht. Der interviewte Juniorchef schätzt die Zuverlässigkeit der Rentner, denkt in Zukunft jedoch eher an eine gezielte Rekrutierung von Branchenangehörigen für solche Aushilfsjobs.

Hotel- und Gastronomiebetrieb (Nr. 19)

Das Familienunternehmen betreibt bundesweit insgesamt fünf Hotels mit angeschlossenen Restaurants und ist am regionalen Standort seit rund zehn Jahren präsent. Einschließlich der Aushilfen sind vor Ort rund 30 MitarbeiterInnen beschäftigt, darunter eine Rentnerin und zwei Rentner. Die Personalentscheidungen gehen allesamt auf den Seniorchef zurück, der insbesondere mit den beiden beschäftigten Männern schon vorher persönlich gut bekannt war. Der 67jährige Kellner war ehemals Ausbilder des Seniorchefs und ist nach der Verrentung in dessen Betrieb übergewechselt. Hier steht er nun bei variabler Arbeitszeit an zwei Tagen pro Woche maximal sieben Stunden pro Tag primär für den Bankettservice zur Verfügung. Der für Getränkelagerverwaltung und Hausmeistertätigkeiten engagierte 64jährige Mann verfügte ebenfalls bereits über Kontakte zum Unternehmen, bevor er diese Tätigkeit aufnahm. Seine Arbeitszeiten sind täglich auf zwei Stunden am Vormittag begrenzt. Einzig die 65jährige Rentnerin wurde vor rund zehn Jahren über eine Stellenanzeige für unspezifische Aushilfstätigkeiten extern angeworben. Diese Mitarbeiterin hat gegenüber Belegschaft und Betriebsleitung den Status einer beinahe-Familienangehörigen erworben und verkörpert als „Mädchen für alles“ die Seele des Küchen- und Reinigungsbetriebes. Das geringfügige Beschäftigungsverhältnis läuft trotz des zwischenzeitlich erworbenen Rentenanspruchs weiter. Die durchweg positiven Erfahrungen mit RentnerInnen könnten auch perspektivisch zu weiteren derartigen Arbeitsverhältnissen führen, zumal sich weitere Aufgaben – beispielsweise des Nachtportiers – anbieten. Körperlich belastende Arbeiten im Servicebereich des Restaurants sollen künftig jedoch eher ausgenommen werden, auch wenn der derzeit beschäftigte Kellner gerade von älteren Gästen häufig explizit angefordert wird.

Beerdigungsinstitut (Nr. 5)

Das Beerdigungsinstitut wird bereits seit 1876 als Familienbetrieb geführt. Neben dem Firmeninhaber sind die Ehefrau, der Sohn und ein jüngerer, festangestellter Mitarbeiter in dem Dienstleistungsunternehmen beschäftigt. Die kleine Firma verfügt über ein eigenes Bestattungsfahrzeug und ist somit von in der Branche tätigen, auf Transport spezialisierten Subunternehmen unabhängig. Zudem wurde erst kürzlich in den Bereich Desktop-Publishing investiert, um anfallende Druckaufträge schneller, zeitlich flexibler und kostengünstiger im eigenen Haus erledigen zu können. Alle MitarbeiterInnen nehmen regelmäßig an Maßnahmen zur beruflichen Weiterbildung teil, entsprechende Zertifikate im Besprechungszimmer sollen den dort empfangenen Kunden die Seriosität des Unternehmens signalisieren. Da die Firmeninhaber nicht im Geschäftshaus wohnen, fungiert ein benachbartes Ehepaar außerhalb der Geschäftszeiten als Ansprechadresse für Kunden. Abends ab 18.30 Uhr sowie an jedem zweiten Wochenende sind die beiden Hausbewohner sowohl per Telefon wie auch persönlich zu erreichen, betreuen die Angehörigen der Verstorbenen und überbrücken die Wartezeit bis zur Anreise der entfernt wohnenden Firmeneigentümer. Die mittlerweile 67jährige Hausbewohnerin hilft in dem Beerdigungsinstitut zudem bereits seit mehreren Jahren an eineinhalb Arbeitstagen in der Buchhaltung aus. Die heutige Pensionärin hatte diese Aushilfstätigkeit bereits parallel zu ihrem damaligen Beruf als Religionslehrerin aufgenommen. Die Tatsache, daß die reguläre Berufsphase bereits beendet ist, hat dieses Aushilfsverhältnis jedoch nicht tangiert. Die Zusammenarbeit mit dem Rentner-Ehepaar basiert auf einer fast familiären Beziehung zwischen den Firmeninhabern und ihren Hausnachbarn. Für die Zukunft denken der Seniorchef und die -chefin an ein ähnliches Beschäftigungsmodell für sich selbst.

Spielwareneinzelhandel (Nr. 1)

Der Familienbetrieb wurde in den vierziger Jahren dieses Jahrhunderts vom Vater des derzeitigen Firmeninhabers gegründet. Der Firmengründer hat den Betrieb vor einem Jahr an seinen Sohn übergeben, arbeitet jedoch noch auf Geringfügigkeitsbasis in der Geschäftsleitung mit. Das Unternehmen hat in den vergangenen Jahren mehrere Spielwarengeschäfte in der Umgegend aufgekauft und verfügt nun über insgesamt fünf Ladenlokale und ein neu gebautes Zentrallager mit Verwaltungssitz. Dem wachsenden Konkurrenzdruck durch Spielwaren-Supermärkte großer Firmenketten versucht der selbständige Mittelbetrieb durch die Mitgliedschaft in einer Einkaufsgenossenschaft zu entgehen. Im Unternehmen sind neben Familienangehörigen insgesamt 50 Arbeitskräfte, hierunter überwiegend geringverdienende Frauen nach der Familienphase, beschäftigt. Zusätzlich wurden schon vor Jahren vom Seniorchef zwei Rentner zur Mitarbeit angeworben. Hierbei handelt es sich um einen ehemaligen Schulfreund des Seniors, der bereits als selbständiger Einzelhändler tätig war, und um einen langjährigen Kunden, der sein Interesse an einem Aushilfsjob an den Betrieb herantrug. Die beiden 63- und 65jährigen Männer werden in der Material- und Warenversorgung eingesetzt, sind dabei schwerpunktmäßig für die Endmontage von Spielwaren und sogenannte „Krosarbeiten" eingesetzt. Seltener helfen die beiden Rentner im Verkauf aus. Im Schnitt stehen die Männer 15 Stunden pro Woche zur Verfügung, werden im Rahmen der Geringverdienergrenzen mit 520 DM monatlich entlohnt, erhalten aber zusätzlich Urlaubs- und Weihnachtsgeld. Der Junior- und Personalchef legt als ehemals abhängig Beschäftigter in einem benachbarten Elektrobetrieb nach eigenen Aussagen auch ohne formale Arbeitsverträge großen Wert auf die Wahrung von Arbeitnehmerrechten wie Kündigungsschutz, finanzielle Sonderleistungen und Lohnfortzahlungen im Krankheitsfall. RentnerInnenarbeit wird aufgrund der sehr positiven Erfahrungen stark befürwortet und voraussichtlich auch in Zukunft im derzeitigen Umfang praktiziert werden.

Gebäudeservice (Nr. 14)

Der Gebäudeservice ging Ende der siebziger Jahre als Tochtergesellschaft aus einem ortsansässigen Großunternehmen hervor. Heute zählt das expandierende Dienstleistungsunternehmen, das sich auf Objektbewachung, Gebäudereinigung, Catering und sogenanntes „Facility Management" von der Bauherrenberatung bis hin zu Hausmeisterdiensten konzentriert, 25 Filialen bundesweit sowie in europäischen Nachbarländern. Von den insgesamt rund 5.600 Beschäftigten sind rund 75% sozialversicherungsfrei angestellt. Hierbei handelt es zum überwiegenden Teil um geringfügig beschäftigte Reinigungskräfte. Unter den 200 Beschäftigten, die bereits älter als 65 Jahre sind, finden sich sowohl MitarbeiterInnen, die dem Unternehmen weiterhin als Arbeitskräfte zur Verfügung stehen, als auch neu rekrutierte Aushilfen, die nach Beendigung der regulären Erwerbsphase eine Nebenverdienstmöglichkeit suchten. Die älteren MitarbeiterInnen sind täglich ein- bis anderthalb Stunden für leichtere Reinigungs-, Lager- und Bewachungstätigkeiten im Einsatz. Je nach Personalbedarf wirbt das Unternehmen Aushilfen gezielt über Stellenanzeigen in der Lokalpresse an. Dabei scheint sich die Präferenz für ältere MitarbeiterInnen eher selbstselektiv aus dem Arbeitskräfteangebot als aus einer gezielten Personaleinsatzstrategie zu ergeben. Schließlich spielt die Tatsache, ob die angeworbenen MitarbeiterInnen eine Rente beziehen, für den Abschluß von versicherungsfreien Beschäftigungsverhältnissen nur eine untergeordnete Rolle. Die unqualifizierten Dienstleistungsarbeiten sind jedoch für diejenigen besonders interessant, deren Beschäftigungschancen in anderen Berufsfeldern gering sind: Hierzu gehören ältere Frauen ohne Rentenanspruch sowie niedrigqualifizierte RentnerInnen mit geringen Altersbezügen.

Metallverarbeitender Betrieb (Nr. 9)

Der 1919 gegründete Familienbetrieb hat sich auf den Bau von Pritschen und Anhängern für Nutzfahrzeuge spezialisiert. Die Absatz- und Beschäftigungskrise der Automobilindustrie hat diesen Kleinbetrieb schwer getroffen; für die zehn bis zwölf festangestellten männlichen Arbeitskräfte ist Kurzarbeit beantragt worden. In Zeiten besserer Auftragslagen wurden zum einen schon mehrfach ZeitarbeiterInnen beschäftigt, zum anderen zwei oder drei Rentner für leichtere Metallarbeiten eingestellt. Bei letzteren handelte es sich sowohl um ehemalige Beschäftigte wie auch um extern rekrutierte Arbeitskräfte, die bereits über entsprechende Erfahrungen mit den Werkstoffen und Arbeitstechniken verfügten. Nach Auskunft des Firmeninhabers sind bisher alle Rentner mit Initiativbewerbungen an die Firmenleitung herangetreten. Die insgesamt gute Erfahrung mit der Zuverlässigkeit und Leistungsbereitschaft der Rentner könnte in Zukunft zu erneuter Beschäftigung dieser Personengruppe führen, sofern die Auftragslage des Betriebes die Kapazitäten der Kernbelegschaft einmal wieder übersteigt. Ehemaligen Mitarbeitern würde in einem solchen Fall gegenüber externen Arbeitskräften der Vorzug gegeben, die Tätigkeiten wären in jedem Fall auf Aushilfsarbeiten begrenzt.

7 Betriebliche Strategiemuster zum Einsatz von RentnerInnen

Anhand der Aussagen ausgewählter Personalverantwortlicher sollen nun zwei typische betriebliche Strategiemuster für das Phänomen RentnerInnenarbeit rekonstruiert werden. Die Betriebe werden hierfür danach differenziert, auf welchem Wege RentnerInnen rekrutiert wurden: entweder über einen externen Arbeitsmarkt oder aus der eigenen Belegschaft. Weil hinter diesen beiden Rekrutierungsformen jeweils typische Managementstrategien hinsichtlich der Beschäftigung von Rentnerinnen und Rentnern zu vermuten sind, werden bei der nachfolgenden Zuspitzung des Phänomens RentnerInnenarbeit die Begründungszusammenhänge insbesondere der Personalverantwortlichen aus solchen Betrieben offengelegt, die entweder ausschließlich RentnerInnen extern zur Mitarbeit anwerben oder aber eigene Belegschaftsangehörige nach der Verrentung weiterbeschäftigen.

7.1 Externe Rekrutierung von RentnerInnen

Betriebe, die sogenannte NeueinsteigerInnen[29] beschäftigen, sind sich der Randständigkeit der Tätigkeiten eindeutig bewußt. Der Betreiber von Spielhallen führt die Beschäftigung von RentnerInnen zwar nicht auf eine gezielte unternehmerische Entscheidung zurück, die Präferenz für RentnerInnen habe sich eher beiläufig aus *„besseren Erfahrungen mit älteren Leuten"* ergeben. Diese resultieren für den Betrieb nicht zuletzt aus dem Umstand, daß älteres Personal gegenüber den Kunden mehr Autorität verkörpert, *„als wenn da jetzt vielleicht ein 20jähriges Mädel sitzt oder 'ne jüngere Frau oder ein jüngerer Mann"*. Der Unternehmer begrenzt den Einsatz von RentnerInnen jedoch ausdrücklich auf die eher monotone Aufsichtsführung in den Freizeiteinrichtungen: *„Ich könnt' mir nicht vorstellen, in unserem technischen*

29 Mit dieser Begriffspräzisierung sind diejenigen erwerbstätigen RentnerInnen gemeint, die nach der Verrentung einen neuen Arbeitgeber gefunden haben. (vgl. dazu insbesondere Kapitel 5.1)

Bereich 'nen Rentner zu beschäftigen, denn da wird ja nun doch ein bißchen mehr gefordert. Flexibilität und körperlich mal was tragen und die Leiter rauf usw., da wird's dann ein bißchen schwieriger. Aber so im Aufsichtsbereich für Spielhallen ist das problemlos." Für hoch qualifizierte, verantwortungsvolle, geistig und körperlich fordernde Aufgaben kommen RentnerInnen also nicht infrage. Stattdessen werden sie dort eingesetzt, wo jüngeres Personal, angesichts der mit der Tätigkeit verbundenen permanenten intellektuellen Unterforderung, nur schwer dauerhaft zu beschäftigen ist. Auch wenn die Aufsichtsführung in Spielhallen vom zeitlichen Umfang einem normalen Beschäftigungsverhältnis gleichkommt, rangiert sie für den Personalverantwortlichen unterhalb der Kategorie regulärer Erwerbsarbeit: „*Eben, ist kein Ausbildungsberuf und, ja Gott, für Hausfrauen sag' ich jetzt einfach mal oder für Rentner oder für Leute, die sich nur was nebenbei mal verdienen wollen oder so, da ist das was.*"

Der Chef des metallverarbeitenden Betriebes hat sich seinerzeit mit einer Zeitungsanzeige, in der „*handwerklich nicht ungeschickte Männer zwecks Allroundtätigkeit*" gesucht wurden, gezielt um Rentner als Aushilfen bemüht. Hier stand von Anbeginn fest, daß die bei der Aufgabenverteilung innerhalb der kleinen Kernbelegschaft anfallenden Restarbeiten nicht zu einer weiteren, kontinuierlich zu besetzenden vollen Stelle zusammengefaßt werden könnten. Vielmehr wollte sich die Geschäftsleitung durch Aushilfsverträge eine personelle Flexibilitätsreserve außerhalb des festen MitarbeiterInnenstamms erschließen. Der Faktor Zeit spielt in diesem Begründungszusammenhang eine nicht unerhebliche Rolle. Während Belegschaft und Geschäftsleitung nie genügend Zeit haben, um unerwartete Kleinigkeiten zu erledigen, können RentnerInnen über diese Ressource nach Belieben verfügen: „*Die machen eben alles, was so um die Firma drumherum anfällt. Dinge, die einfach uns von der Geschäftsleitung oder den anderen Mitarbeitern einfach nur die Zeit stehlen, das machen die eben, die sind da eben nicht zu teuer, aber sehr, sehr gut einsetzbar. Sie sind auch körperlich unheimlich fit, die wollen auch noch arbeiten. Es macht Spaß, die Leute zu haben, man sieht, die schaffen richtig was weg am Tag und die sind froh, wenn sie dann auch das Gefühl haben, gebraucht zu werden. Und das Gefühl hab ich unheimlich.*" Über die zeitliche Verfügbarkeit hinaus hat sich der ungebrochene Leistungswille sowie das in langjähriger vorangegangener Berufstätigkeit erworbene erhebliche Erfahrungswissen der Rentner nachträglich ausgezahlt. So betont der Kleinunternehmer mehrfach, daß es sich bei den Rentnern um Arbeitskräfte handelt, die „*voll mitziehen*", „*einfach mehr wegknallen als wir Jungen*", und angesichts belastender Tätigkeiten nicht „*so viel jammern*" wie jüngere MitarbeiterInnen. Schließlich haben die Rentner „*schon so manche gute Idee hier 'rübergebracht. Zwar gibt's oftmals kontroverse Diskussionen, haben wir zwar ein Ziel vor Augen und die Bewegungen sind manchmal anders, aber, ich hör mir das alles an, sehr wohlwollend. Das kann nicht alles schlecht sein, was die gemacht haben.“*

Zusätzlich entlastet die Tatsache, daß die Rentner durch Transferleistungen aus der Rentenversicherung finanziell grundversorgt sind, den Betrieb von hohen Personalkosten und arbeitsrechtlichen Risiken der Beschäftigung älterer MitarbeiterInnen. Da oft keine Arbeitsverträge abgeschlossen werden, bestehen seitens der Beschäftigten keinerlei Ansprüche auf Bildungsurlaub, Lohnfortzahlung im Krankheitsfall, tariflich vereinbarte Sonderleistungen und Kündigungsschutz. Entsprechend flexibel und preiswert kann der Betrieb seinen Personalstand an veränderte Marktsituationen anpassen und bleibt auch noch moralisch integer: *„Gut, wenn mal keine Arbeit mehr für die da wäre, dann tut's denen nicht so weh, mich von denen zu trennen, ihnen tut's nicht weh, mir tut's dann in dem Fall nicht so weh.“*

7.2 Interne Rekrutierung von verrenteten Belegschaftsmitgliedern

Die Vorzüge der über die Verrentung hinaus Weiterbeschäftigten Belegschaftsangehörigen[30] liegen für die Personalverantwortlichen auf einer anderen Ebene. In beiden Unternehmen sind RentnerInnen mit Aufgaben betraut, die sie überwiegend auch schon vor der Verrentung ausgeübt haben und die prinzipiell auch im Rahmen regulärer Beschäftigungsverhältnisse erledigt werden. Bei dem Bergbau-Zulieferer beispielsweise ist die Weiterbeschäftigung von verrenteten Belegschaftsangehörigen aus der Not heraus entstanden, daß nicht rechtzeitig Nachwuchskräfte eingearbeitet waren: *„Das hat sich einfach so aus der Situation ergeben. Als wir gesehen haben, daß zum Beispiel diese Buchhalterin ausgeschieden ist, und die Nachfolgerin war nicht so schnell eingearbeitet und es hakte hier und da einfach, da haben wir gesagt: ‚Gut, dann kann sie mithelfen.‘ Der Mitarbeiter, der hier so ein bißchen aquiriert, der hat hier 'ne Aufgabe wahrgenommen, die eigentlich längst hätte besetzt werden müssen, nur es war eigentlich gar keiner da, der das so konnte, und erst als der in Rente ging, hat sich eigentlich erst die Möglichkeit eröffnet, den dann für solche Aufgaben einzusetzen.“* Der Betrieb profitiert hierbei von der langjährigen Betriebsbindung engagierter MitarbeiterInnen, die auch nach der Verrentung bereitwillig die sozialen Beziehungen zu ihrer Firma aufrechterhalten. Auf geradezu schmeichelhafte Art werden ehemalige Vollzeitbeschäftigte von dem Personalverantwortlichen für eine weitere Mitarbeit auf Geringfügigkeitsbasis gewonnen: *„Es gibt also einige Sonderfälle, wo wir Mitarbeiter haben, die ein ziemlich umfangrei-*

30 Mit dieser Begriffspräzisierung sind diejenigen erwerbstätigen RentnerInnen gemeint, die ihrem Arbeitgeber auch nach der Verrentung noch zur Verfügung stehen. (vgl. dazu insbesondere Kapitel 5.2)

ches, langjähriges Wissen mit nach Hause genommen haben als Rentner, und wo wir sagen: ,Wissen Sie, wir brauchen Sie nicht immer, aber manchmal wär's schön, wenn Sie nochmal hier wären'. Und, wenn diese Mitarbeiter dann sagen: ,Ja, okay, das machen wir gerne, wir halten ein bißchen Kontakt zum Unternehmen, wir fallen nicht sofort in die Tatenlosigkeit ab, sondern wir haben noch 'ne gewisse Aufgabe zu erfüllen, aber nicht mehr unter dem Zwang, dem Druck, es zu müssen' – das ist eine sehr angenehme Sache."

Im Vordergrund des betrieblichen Interesses an verrenteten Arbeitskräften steht hier also die weitere Nutzung des Fachwissens, das die Belegschaftsangehörigen nach Meinung des Personalchefs doch eher dem Betrieb, in dem sie es erworben haben, zur Verfügung stellen sollten, als es *„mit nach Hause"* zu nehmen. Angesichts der raschen Veraltung solcher Wissensbestände ist es für das Unternehmen von entscheidender Bedeutung, daß zwischen der Beendigung des regulären Arbeitsvertrages und der Begründung eines Aushilfsverhältnisses nicht allzu viel Zeit liegt. *„Voraussetzung ist natürlich, daß sie nicht zu lange warten. Wenn die erst mal zwei Jahre aus dem Betrieb raus sind, hat sich so viel verändert und sie wissen auch nicht mehr, was da abgelaufen ist."* Die Strategie, versierte Arbeitskräfte im Rentenalter mit gewohnten, anspruchsvollen Aufgaben zu betrauen, wirkt sich zudem positiv auf die Leistungserbringung aus. So beobachtet der befragte Experte, daß die beschäftigten RentnerInnen *„ihre Aufgabe, die sie früher ja auch schon gemacht haben, mit wesentlich mehr Freude"* erledigen, *„weil der Druck weg ist"*. Daß die tatsächliche Höhe der Entlohnung dabei auch schon mal über den gesetzlich festgelegten Geringverdienergrenzen liegt, ohne daß der Betrieb für diese Beschäftigungsverhältnisse Lohnsteuer zahlen muß, gibt der Personalverantwortliche gerne zu: *„Also ich will man so sagen, ohne hier aus dem Nähkästchen plaudern zu wollen, aber es gibt Möglichkeiten, das in irgendeiner Form auszugleichen, ohne daß die Leute dann in irgendwelche Probleme reingeraten, beispielsweise bezüglich Rente."* Schließlich kennen sich Geschäftsleitung und erwerbstätige RentnerInnen lange genug, um sich gegenseitig ein wenig auszuhelfen: hier mit flexiblen, zuverlässigen Arbeitseinsätzen, dort mit steuerfreien Zusatzeinkommen.

Durchaus vergleichbar stellt sich die Situation in dem Speditionsunternehmen dar. Hier ist die personalpolitische Entscheidung für RentnerInnenarbeit explizit wohlüberlegt. Das Unternehmen braucht sich im Bereich der angelernten Lager- und Kraftfahrertätigkeiten zwar nicht über einen Mangel an Nachwuchskräften zu beklagen, aber auch hier verfügen langjährige Mitarbeiter über eine Routine, die nach der Verrentung gerne noch aushilfsweise in Anspruch genommen wird: *„Ich seh' die Verläßlichkeit der Leute, weil man sie ja kennt, man weiß, der hat hier immer eine gute Leistung abgeliefert. Und, das ist ja das Hauptkriterium, diese Zuverlässigkeit und die Leistungsfähigkeit. Und wenn er noch leistungsfähig ist, er ist fit und hat seine Arbeit immer gut gemacht, dann ist das ja für uns Kriterium genug zu sagen,* *ja, warum nicht bei Bedarf.*" In beinahe freundschaftlicher Art kann der Personalverantwortliche die künftigen Rentner auf die weitere Mitarbeit im Betrieb ansprechen und muß wohl in den seltensten Fällen mit einer Absage rechnen: *„Man kennt sich sehr lange und man fragt sich: ‚Was machen Sie denn eigentlich? Sie sind jetzt Fahrer gewesen und jetzt, auf einmal ganz in Rente?' Ja, dann sagt der schon von sich aus: ‚Ich würde ja gerne mal aushilfsweise bei Ihnen fahren'. Ja?! Suchen sich dann natürlich auch so ein paar bestimmte Dinge heraus, die nicht ganz so anstrengend sind. Da kann man Rücksicht drauf nehmen. Die lösen dann spezifisch irgendwelche Tagesprobleme.*"

Der Betrieb versteht es offenbar, die branchentypische schlechte Altersversorgung gewinnbringend einzusetzen. Zunächst haben die älteren gewerblichen Mitarbeiter der Spedition nur dann eine reelle Chance, die im Transportgewerbe herrschenden hohen gesundheitlichen Belastungen zu reduzieren, wenn sie aus dem regulären Beschäftigungsverhältnis ausscheiden und in den sozialen Status des Rentners überwechseln. Gleichwohl können es sich eine Reihe von Beschäftigten aufgrund der vergleichsweise geringen Altersrenten finanziell gar nicht leisten, den Arbeitsplatz vollständig aufzugeben, und bleiben auf eine Nebenerwerbstätigkeit zur Rente angewiesen. Diesen Umstand kann sich der Betrieb gezielt zu nutze machen und RentnerInnenarbeit mithin als soziale Errungenschaft deklarieren: *„Ganz abgesehen davon, daß auch die menschliche Seite eine Rolle spielt, daß der eine schon mal sagt: ‚Hör mal, Du, meine Rente ist nicht ganz so toll, also ich würd' mir schon wünschen, da noch im Rahmen der 560 Mark etwas machen zu können', ja?! Dann denkt man auch mal darüber nach, wo könnte man ihn einsetzen.*" Legitimiert wird diese betriebliche Strategie der Kostenminimierung und Leistungsoptimierung durch den Verweis auf entsprechende Wünsche der Beschäftigten: *„Die meisten wollen nicht mehr. Also die meisten sagen: Ich möchte mir das als Zubrot verdienen, aber die wollen sich nicht mehr von morgens bis abends einem wirklich harten Arbeitsplatz stellen, weil sie einen Anspruch auf Rente haben.*" RentnerInnenarbeit ist für die Beschäftigten die augenscheinlich vernünftigste Alternative zur Vollerwerbstätigkeit, deren Anforderungen sie gesundheitlich nicht mehr gewachsen sind, und zum Ruhestand, der mit erheblichen finanziellen Engpässen verbunden ist.

Das konkrete Verfahren des Personaleinsatzes ist eng an die persönliche Bekanntschaft zwischen Unternehmensleitung und Belegschaft und den geradezu kumpelhaften Umgangston in der Branche gebunden. Dies ermöglicht eine hohe Verbindlichkeit der zugesagten Arbeitsleistung und damit ein hohes Maß an Effizienz dieser Beschäftigungsform. Weil eine mangelnde Betriebsbindung den RentnerInnen mehr soziale Freiheiten ließe, das Beschäftigungsverhältnis kurzfristig zu beenden, die Beschäftigten statt der Betriebsleitung mithin die Grenzen des Arbeitseinsatzes bestimmen würden, werden die betriebswirtschaftlichen Vorteile extern angeworbener RentnerInnen dagegen äußerst gering geschätzt: *„Wir melden uns bei denen, die besuchen uns auch, kommen mal vorbei. ‚Hallo, da bist Du ja! Denk mal daran, geh mal dahin, ist die Urlaubsplanung, kannst Dich gleich verplanen lassen' – ja?! Und dann sagt der: ‚Ja, das paßt, mach ich', und dann haben wir eben eine gezielte Aushilfe, wo wir wissen, der kennt unsere Betriebsabläufe, der nützt uns dann was. Extern jetzt einen anlernen, ja hören Sie mal, den lernen Sie zwei, drei Wochen an und dann kann er das so langsam und dann hört er wieder auf! Kein Nutzeffekt mit verbunden!"*

7.3 RentnerInnenarbeit als Personalkostenexternalisierung

Die interviewten Personalverantwortlichen äußerten idealtypisch zwei Beweggründe, die für den Einsatz von Rentnerinnen und Rentnern sprechen: Zum einen wird die Absicht erkennbar, die Kernbelegschaft von einfachen, zeitraubenden und dequalifizierenden Aufgaben zu entlasten, temporäre Spitzen im Arbeitsanfall zu bewältigen und saisonale und konjunkturelle Schwankungen auszugleichen. Dafür bietet sich eine zusätzliche Rekrutierung von externen Arbeitskräften an. RentnerInnen werden hierbei gegenüber anderen, für Aushilfsarbeiten typischerweise nachgefragten Personengruppen wie SchülerInnen, StudentInnen und Hausfrauen bevorzugt eingestellt, wenn für die Ausübung der Tätigkeit ein *breites, umfassendes und unspezifisches berufliches Erfahrungswissen* erwünscht ist, über das RentnerInnen aufgrund ihres zurückliegenden Berufslebens in ungleich höherem Maße verfügen. Die vom Personalverantwortlichen des metallverarbeitenden Betriebes explizierte Aussage, Aushilfskräfte für *„Allroundtätigkeiten"* zu suchen, bringt das Anforderungsprofil auf den Punkt: Die angeworbenen RentnerInnen sollen sich möglichst reibungslos in die arbeitsorganisatorischen Lücken fügen, ohne den Bestand regulärer Arbeitplätze zu gefährden. Der Status von Fachkräften und Experten bleibt eindeutig für Angehörige der Kernbelegschaft reserviert, wie auch der Junior-Chef des Automaten- und Gaststättenbetriebes unmißverständlich mit seiner Ablehnung gegenüber RentnerInnenarbeit im technischen Bereich zum Ausdruck bringt.

Zum anderen intendieren die Betriebe, die in der qualifizierten Kernbelegschaft vorhandenen Wissens- und Erfahrungspotentiale langfristig optimal zu nutzen. Hierfür bietet sich eine Verlängerung der Beschäftigung von älteren MitarbeiterInnen über die Altersgrenze hinaus an. Bevor diese betrieblichen LeistungsträgerInnen ihr *spezifisches Wissen und ihre hohen fachlichen und betriebs- wie branchenbezogenen Kenntnisse* mit Erreichen der Altersgrenze endgültig *„mit nach Hause"* nehmen, kann eine punktuelle Nutzung dieser Ressourcen wirtschaftliche und soziale Aspekte sowohl für den Betrieb wie auch für die Beschäftigten optimieren. Das betriebliche Interesse an der Nutzung verrenteter Arbeitskräfte liegt bei diesem Strategietyp somit darin, das über lange Jahre und mit zum Teil nicht unberträchtlichem Aus- und Weiterbildungsaufwand aufgebaute Expertenwissen als eine Humankapitalinvestition zu behandeln, deren Rentabilität mit der Dauer ihrer Nutzung steigt.

Das Unternehmen spart durch den Abschluß sozialversicherungsfreier Beschäftigungsverhältnisse nicht nur Geld, sondern ermöglicht den Beschäftigten auch ein fürsorgliches *„Zubrot"* zum Renteneinkommen. Neben dem unmittelbaren Rentabilitätseffekt kommt diesem Vorgehen damit auch eine gewisse symbolische Bedeutung zu. Die Beschäftigung von RentnerInnen ist geeignet, altersselektiven Personalfreisetzungsstrategien die soziale Härte zu nehmen, indem die Möglichkeit der Aufrechterhaltung von Betriebsbindungen, trotz Beendigung des regulären Beschäftigungsverhältnisses, signalisiert wird. Das für die Unternehmenskultur so wichtige allgemeine Deutungsmuster vom Betrieb als einer sozialen Gemeinschaft bleibt so erhalten und schützt die Betriebsleitung vor dem möglichen Vorwurf, eine seelenlose Verwertungsinstanz lebendiger Arbeit zu sein.

Unabhängig davon, ob bei den einzelnen Unternehmen die erste oder die zweite Strategie im Vordergrund steht, oder beide Strategien gleichermaßen verfolgt werden, es sprechen nach den Vorstellungen der befragten Personalverantwortlichen auch weitere allgemeine Gründe für die Nutzung verrenteter Arbeitskräfte. So sind diese in aller Regel nicht besonders anspruchsvoll im Hinblick auf ihre Vergütungen, da sie mit der Rente zumeist über eine ausreichende Versorgung verfügen. RentnerInnen sind zeitlich sehr flexibel und sie drängen nicht auf eine Dauerbeschäftigung, sie klagen sich nicht ein und drohen auch bei Arbeitsknappheit nicht mit Kündigungsschutzklagen. Sie haben keine Karriereaspirationen mehr, sie beziehen ihren sozialen Status aus der vorangegangenen Berufsposition und sind deshalb auch bereit, Tätigkeiten unter ihrem eigentlichen Qualifikationsniveau zu verrichten, ohne daß die typischen Unterforderungssymptome auftreten. Dies gilt zumindest für solche AltersruhegeldbezieherInnen, die in ihrer regulären Berufstätigkeit mittlere bis gehobene Positionen erreicht haben. Etwas anders sieht es wohl bei pensionierten höheren Führungskräften und ehemaligen Inhabern von Spitzenpositionen aus. Dort deuten viele Anzeichen darauf hin, daß das Statusdenken mit dem Erreichen der Altersgrenze nicht vorüber ist und eine beiderseits befriedigende Alterserwerbsarbeit nur schwer zu finden ist.

Zusammen mit dem in einem langen Berufsleben erworbenen Pflicht- und Verantwortungsbewußtsein, einer oft nachprüfbaren Zuverlässigkeit sowie vielfach auch aufgrund langjährig gewachsener Vertrauensbeziehungen machen die hier angesprochenen Merkmale von Arbeitskräften jenseits der Altersgrenze die RentnerInnen zu einem durchaus attraktiven Arbeitskräftepotential.

Offensichtlich profitieren die beiden hier knapp skizzierten Formen der betrieblichen Nutzung verrenteter Arbeitskräfte, seien sie extern angeworben oder aus ehemaligen MitarbeiterInnen rekrutiert, von einem für die Bundesrepublik bisher charakteristischen Zusammenspiel von Wirtschaft und Staat. NASCHOLD/ROSENOW/WAGNER (1990) prägten für das betriebliche Abwälzen der Beschäftigungsrisiken älterer ArbeitnehmerInnen auf den Sozialstaat den Begriff des sogenannten Externalisierungsregimes[31]. Empirisch greifbar wird die betriebliche Strategie, Personalkosten dauerhaft zu externalisieren, im Frühverrentungstrend, der trotz der bereits mit dem Rentenreformgesetz von 1992 eingeleiteten Heraufsetzung des Zugangsalters zur regulären Altersrente uneingeschränkt andauert. Nachdem die diversen Frühaustrittspfade in den Ruhestand von staatlicher Seite durch das sogenannte „Programm für mehr Wachstum und Beschäftigung" 1996 erheblich erschwert wurden, steht abzuwarten, wie angesichts der brüchig gewordenen Interessenkoalition zwischen ArbeitnehmerInnen und Arbeitgebern sowie dem Staat die künftigen Formen des Übergangs aussehen werden.

Daß RentnerInnenarbeit tatsächlich keineswegs auf eine Umkehr des Frühverrentungstrendes oder gar einen Umschlag vom Externalisierungs- in ein generelles Internalisierungsregime nach schwedischem Vorbild deutet, sondern vielmehr die logische Fortsetzung, wenn nicht gar Zuspitzung betrieblicher Externalisierungsstrategien darstellt, wird schließlich evident, wenn man die Personalverantwortlichen nach ihren Einschätzungen zu sozialstrukturellen und -politischen Rahmenbedingungen befragt.

Wir hatten ursprünglich vermutet, daß RentnerInnen-Arbeitgeber der Alterserwerbstätigkeit insgesamt sehr aufgeschlossen gegenüberstehen würden. Wie sich jedoch bereits in der schriftlichen Betriebsbefragung abzeichnete, unterscheiden sich RentnerInnen beschäftigende Betriebe hinsichtlich ihrer Verrentungspraxis in keiner Weise von solchen Betrieben, die keine verrenteten Arbeitskräfte rekrutieren. Auch in den persönlichen Interviews mit den Personalverantwortlichen wurde schließlich deutlich, daß sich der Trend zur altersselektiven Personalfreisetzung und zum Frühverrentungstrend auf entscheidungsmächtige betriebliche Protagonisten in den Personalabteilungen zurückführen läßt. In den Unternehmen besteht nicht nur eine allgemeine Zustimmung, die Altersgrenzen des Rentenzugangs für die verschiedenen Beschäftigtengruppen *flexibel* zu handhaben: *„Also, das würde ich von der Berufsart abhängig machen. Mit 70 sitze ich mit Sicherheit noch am Schreibtisch, wenn ich so alt werden sollte, aber bei manchem anderen Job, da sind also manche schon mit 50 fix und fertig. Dann sollten die auch die Möglichkeit haben, eher in Rente zu gehen, ohne großartige Verluste zu haben."* Es ist im Falle personeller Überkapazitäten vielmehr durchaus gängig, ganze Belegschaftsjahrgänge unabhängig von der Arbeitsbelastung wie auch

31 Dem gegenüber steht ein sogenanntes Internalisierungsregime, das nicht-altersselektive Personaleinsatzstrategien sozialpolitisch unterstützt und damit für hohe betriebliche Verweildauern gerade älterer Beschäftigter sorgt. Schweden gilt hier als Musterbeispiel.

der Arbeitsleistung vor Erreichen der gesetzlichen Regelaltersgrenze *vorzeitig* in den Ruhestand zu schicken. *„Wir selbst haben jetzt im Laufe dieses Jahres in den Monaten März bis Juni einen Personalabbau von 20% gehabt, weil wir einfach eine Kostenreduzierung haben mußten, und wir haben das zum Anlaß genommen, uns von älteren Mitarbeitern zu trennen."* Frühverrentungsformen fungierten also eindeutig als Ventil für Personalüberlasten.

Eine generelle Verlängerung der Lebensarbeitszeit, daran lassen die Personalverantwortlichen keinen Zweifel, geht eindeutig an den Interessen der Betriebe vorbei. Wenn in den Aussagen auch Verständnis für die Perspektive des Staates durchscheint, der die Finanzierungsprobleme der Rentenversicherung zu lösen hat, so ist doch unstrittig, daß die Rentabilität des Unternehmens Vorrang haben muß. *„Wenn uns nicht die Möglichkeit gegeben ist, daß wir uns zu angemessenen Kosten von älteren Mitarbeitern trennen können, die auch gerne in den Ruhestand gehen, dann ist uns auch die Möglichkeit genommen, jüngere einzustellen."* Die Weiterbeschäftigung älterer MitarbeiterInnen wird für Unternehmen auch ohne Personalüberlast also spätestens dann problematisch, wenn neue Arbeitsplätze für Jüngere ohne Erweiterung des Personalbestandes bereitgestellt werden sollen. Die Ausgliederung älterer Beschäftigter kann daher einerseits kostenneutrale, innerbetriebliche Aufstiegsmöglichkeiten schaffen, andererseits die externe Anwerbung jüngerer Arbeitskräfte mit höherer formaler Qualifikation und aktuellerem Fachwissen gestatten. *„Aber mit 70 da wieder einer am Schreibtisch, der nimmt natürlich viel von dem weg. Alles strebt von der Uni nach, gerade in unserem Bereich, wo sollen die denn hin?"* Daß Betriebe vor allem jüngere Arbeitskräfte brauchen, ist für alle RentnerInnen-Arbeitgeber evident: *„Im Trend ist es so, daß wir einen Großteil jüngerer, belastbarer Mitarbeiter haben müssen, wegen der Anforderungen."* Die gängigen Einschätzungen hinsichtlich der verminderten Leistungsfähigkeit älterer ArbeitnehmerInnen herrschen damit in Betrieben, die RentnerInnen beschäftigen, genauso vor wie in Vergleichsbetrieben, die diese Form der Alterserwerbstätigkeit nicht praktizieren.

Die mit dem Rentenreformgesetz 1992 eingeführte Teilrente bei gleichzeitiger Teilzeitbeschäftigung wird in den Betrieben sehr zurückhaltend aufgenommen. Die Personalverantwortlichen stehen dieser Option aus mehreren Gründen skeptisch gegenüber. Vor dem Inkrafttreten des neuen Altersteilzeitgesetzes im Jahre 1996 stand diese Möglichkeit der subventionierten Teilzeitarbeit nur den Beschäftigten offen, die bereits einen Anspruch auf eine reguläre Altersrente erworben hatten. Da der Vorstoß zur Altersteilzeitarbeit gemäß Rentenreformgesetz für Männer frühestens ab dem 63. Lebensjahr, für Frauen ab dem 60. Lebensjahr griff, wurde die für betriebliche Ausgliederungsstrategien bedeutsamere Gruppe der 55- bis 60jährigen nicht erreicht. Wenn für diese Beschäftigtengruppe durchaus ein betriebliches Interesse an staatlich subventionierten Arbeitszeitreduktionen und gleitenden Übergängen in den Ruhestand vorliegt, so galt für die eigentliche Zielgruppe des Teilrentenmodells, daß eine über die reguläre Lebensarbeitszeit hinausreichende vertragliche Bindung zwischen ArbeitnehmerInnen und Betrieb keine Umsetzung erfuhr. Unter dem Aspekt der Kontinuitätssicherung erscheint das Teilrentenmodell zwar prinzipiell interessant: *„Ja, also da halte ich schon viel von, wenn's eben ... vielleicht direkt 'nen neuen Mitarbeiter mit heranführt. Das sind nur eben immer diese brutalen Kosten, die einem manchmal 'nen Strich durch die Rechnung machen. Von den Denkmodellen ist das alles prima, aber wenn dann die Zahlen kommen, die sind dann vernichtend."* Rechnerisch bringt eine solche, zeitreduzierte Weiterbeschäftigung älterer MitarbeiterInnen jedoch keine unternehmerischen Vorteile, zumal langjährige MitarbeiterInnen als erwerbstätige VollrentnerInnen kostengünstiger weiterbeschäftigt werden können.

Die Erfolgsaussichten des Gesetzes zur Förderung der Altersteilzeitarbeit von 1996 sind vor dem Hintergrund unserer Ergebnisse eher negativ zu beurteilen. Ein nicht zu unterschätzender Hinderungsgrund für die Betriebe wird es sein, daß zur Erlangung der Ausgleichsfinanzierung durch die Bundesanstalt für Arbeit bei der Altersteilzeitarbeit die Einstellung eines Arbeitslosen oder die Übernahme eines Auszubildenden erforderlich ist. Kurzfristige Personalreduktion über Altersteilzeitarbeit wird damit so gut wie unmöglich gemacht, der organisatorische und der Verwaltungsaufwand sind erheblich und die Vorteile für die Betriebe sind relativ gering, müssen doch auch bei Altersteilzeitarbeit reguläre Arbeitsverträge abgeschlossen werden. Damit stehen die Bestimmungen des Gesetzes im Widerspruch zu allen betrieblichen Interessen an einer Reduktion, Flexibilisierung und Deregulierung des Personaleinsatzes.

Eine generelle Verschiebung in den betrieblichen Altersstrukturen ist nach Auskunft der befragten Personalverantwortlichen in RentnerInnen beschäftigenden Betrieben kaum wünschenswert. Ein solider Bestand jüngerer ArbeitnehmerInnen wird vielmehr als zentrale Voraussetzung gewertet, daß der Betrieb die steigenden Arbeitsbelastungen erfolgreich an eine konstante Zahl von MitarbeiterInnen übertragen kann. *„Im Trend ist es so, daß wir einen Großteil jüngerer belastbarer Mitarbeiter haben müssen, wegen der Anforderungen. Und die sind eben bei den Älteren zwangsläufig nicht immer so aufgehoben. Ist doch ganz klar!"* Dabei ist nicht ausgeschlossen, daß der eine oder andere ältere Betriebsangehörige, der nach jahrelanger Berufstätigkeit über ein erhebliches Erfahrungswissen verfügt, für eine die reguläre Lebensarbeitszeitspanne überdauernde Mitarbeit in Betracht kommt. Keinesfalls, so meint ein Personalchef, sollte der Betrieb jedoch von diesen Älteren abhängig werden: *„Auf der anderen Seite darf ich als Unternehmer auch nicht den Fehler machen, dann mit 'nem 70jährigen die ganze Zeit immer nur auf dieser Schiene zu fahren und mit 70 ist der anfällig, dann kippt der mir mal vom Stuhl und ich hab' nichts mehr dahinter. Das kann aber auch nicht sein."* Allzu schnell, so die Warnung dieses Experten, kann sich die wohlmeinende

Weiterbeschäftigung älterer MitarbeiterInnen gerade in strategisch wichtigen Unternehmensbereichen als folgenschweres Versäumnis der Kontinuierung betrieblichen Wissens entpuppen, wenn der Beschäftigte den Betrieb plötzlich – beispielsweise aus gesundheitlichen Gründen – verläßt.

Die befragten Experten *wünschen* nicht nur weiterhin „jugendlastige" betriebliche Altersstrukturen, sondern *glauben* auch nicht an einen durch den demographischen Wandel erzwungenen Umschwung personalpolitischer Präferenzen. Die Veränderungen des gesellschaftlichen Altersaufbaus werden nach ihrer Überzeugung primär zu Bewegungen auf dem nationalen Absatzmarkt, einer Verlagerung der Angebotspalette und neuen Produktentwicklungen führen. Personelle Konsequenzen werden dagegen kaum gefürchtet. Ist die Zahl der prospektiv zu rekrutierenden Arbeitskräfte pro Betrieb ohnehin gering, dann verspricht die Parallel-Prognose der anhaltenden Massenarbeitslosigkeit genügend jüngere, verfügbare Arbeitskräfte und gestattet personalplanerischen Optimismus: *„Ich mein', wenn ich seh', daß auf'm Arbeitsmarkt sich schon Leute tummeln ab 40 mit fast keiner Perspektive mehr, was natürlich schon sehr bedrückend ist. Also werde ich aus dem Markt immer schöpfen können, also mit Sicherheit meinen Außendienst mit Leuten zu besetzen, die 40 oder 45 sind, brauche ich mir überhaupt kein Kopfzerbrechen machen."* Sollte der demographische Wandel in größeren Betrieben tatsächlich als Angebotsverknappung des Arbeitsmarktes spürbar werden, so sind auch hier keine revolutionären Umschwünge zu erwarten: *„Dieser Arbeitskräftemangel wird wahrscheinlich dann über den Einsatz von älteren Mitarbeitern auszugleichen sein. Das würde zuerst einmal bedeuten, daß Frauen nicht mehr mit 60, sondern mit 65 in Rente gehen (...) und ansonsten muß man versuchen, diese Dinge durch entsprechende Rationalisierung im Arbeitsablauf aufzufangen."* In welcher Gewichtung diese beiden Strategien im Zweifelsfall eingesetzt werden, darüber kann heute nur spekuliert werden. Eine *zusätzliche*, externe Rekrutierung älterer Beschäftigter ist jedoch eher unwahrscheinlich.

So wenig die Äußerungen der oben zitierten Personalverantwortlichen aus dem Rahmen der in der Literatur bereits umfangreich dokumentierten betrieblichen Strategien zur altersselektiven Personalfreisetzung und zum anhaltenden Frühverrentungstrend (LACZKO 1988; JACOBS/KOHLI 1990, NAEGELE 1992, ROSENOW 1992, ROSENOW/NASCHOLD 1993a/b) fallen, so sehr muß doch verwundern, daß es sich hierbei um Aussagen von betrieblichen Entscheidungsträgern handelt, die gleichwohl Rentnerinnen und Rentner als Arbeitskräfte rekrutieren. Wir müssen also konstatieren, daß Beschäftigungsverhältnisse mit RentnerInnen *trotz* einer allgemeinen betrieblichen Ablehnung von Lebensarbeitszeitverlängerungen abgeschlossen werden. Offenbar sind es weniger die Qualifikationsmerkmale der Gruppe älterer Arbeitskräfte, die für Betriebe interessant sind, als vielmehr die günstigen arbeitsrechtlichen und sozialpolitischen Rahmenbedingungen, die dieses Arbeitsmarktsegment flankieren. Mit der Erwerbstätigkeit von RentnerInnen sind betriebliche Vorteile verbunden, die durch eine Beschäftigung älterer, nicht verrenteter ArbeitnehmerInnen so nicht erreicht werden können.

Im Prinzip läßt sich als Kern des betrieblichen Interesses an der Beschäftigung von AltersruhegeldbezieherInnen das Bestreben erkennen, mithilfe des Rückgriffs auf Arbeitskräfte, die durch Transferzahlungen gesichert sind, kostengünstig die Reaktions- und Anpassungsfähigkeit der Personalstruktur zu erhöhen. In der Regel liegt diesem Vorgehen der Betriebe keine explizite Strategie zugrunde, sondern die Entscheidungen über die Beschäftigung von RentnerInnen werden zumeist situativ getroffen und stehen in keinem Gegensatz zu den ansonsten beobachtbaren Bemühungen zur Verjüngung der Belegschaften. Festzuhalten ist dabei, daß die Merkmale alter Arbeitskräfte, welche sie für die Betriebe wertvoll machen, untrennbar mit dem Bezug einer sicheren Altersversorgung verbunden sind. Nur diese gesellschaftlich verfügbar gemachte sozialpolitische Grundversorgung ermöglicht bei der Beschäftigung von AltersruhegeldbezieherInnen ein geringes Lohnniveau, das Absehen von sogenannten Lohnnebenkosten und die üblicherweise formlosen Beschäftigungsverhältnisse. Insoweit ist RentnerInnenarbeit – entgegen allem Anschein – eine konsequente Praktizierung betrieblicher Externalisierungsstrategien.

8 Die gesellschaftliche Bedeutung nachberuflicher Erwerbsarbeit

Die erwerbsförmige Beschäftigung von Rentnerinnen und Rentnern stellt sich als ein empirisch vielgestaltiges Phänomen dar. So konnten wir in unseren beiden Repräsentativbefragungen von 60- bis 80jährigen EinwohnerInnen des bergischen Städtedreiecks Wuppertal, Solingen, Remscheid sowie von Personalverantwortlichen privatwirtschaftlich organisierter Betriebe in dieser Region zunächst nur wenige eindeutige strukturelle Gemeinsamkeiten ermitteln. Entlang der klassischen Dimensionen empirischer Sozialforschung, etwa den demographischen Merkmale wie Geschlecht, Alter, Familienstand, Bildungsgrad, Einkommen etc., streut das Phänomen der RentnerInnenerwerbstätigkeit derart, daß sich kaum ein *realtypischer* erwerbstätiger Rentner bzw. eine Rentnerin oder ein RentnerInnen beschäftigender Betrieb ausmachen läßt. Auch die bisherigen empirische Untersuchungen zur *nach*beruflichen Erwerbstätigkeit – einer Facette der Alterserwerbstätigkeit – repräsentieren allenfalls kleine Ausschnitte aus der gesamten Bandbreite der Erscheinungen dieser Beschäftigungsform. PISCHNER/WAGNER (1992) etwa richteten ihr Augenmerk auf materiell schlechter gestellte RentnerInnen und weiterarbeitende Selbständige. KOHLI ET AL. (1992, 1993) interessierten sich schwerpunktmäßig für verrentete Männer, die im Ruhestand für einen Wachdienst tätig wurden, für ältere Frauen, die ihre kaufmännischen Tätigkeiten in den Ruhestand hinein fortsetzten, und für die Gruppe der älteren Selbständigen.

Unsere beiden Stichproben versuchen hingegen, das Phänomen der Erwerbstätigkeit von Rentnerinnen und Rentnern erstmals in seiner gesamten Vielfalt zu dokumentieren: Demnach entscheiden sich sowohl Männer als auch Frauen, neben dem Rentenbezug einer Erwerbsarbeit nachzugehen. Es finden sich sowohl finanziell gut situierte wie auch materiell schlecht ausgestattete Ältere, die weiterhin aktiv am Erwerbsleben partizipieren. Gleiche Gegenläufigkeiten gelten für die formal-qualifikatorischen, berufsbiographischen und auch die gesundheitlichen Faktoren, von denen man annehmen könnte, daß sie die Bereitschaft zur Alterserwerbstätigkeit beeinflussen. RentnerInnenarbeit wird nach unseren Erhebungen zudem in allen Wirtschaftszweigen und Betriebsgrößen praktiziert; ungeachtet des allgemeinen betrieblichen Umgangs mit älteren ArbeitnehmerInnen und gesetzlichen Altersgrenzen.

Da wir nicht nur RentnerInnen fanden, die nach Beendigung ihrer regulären Berufsarbeit noch einmal neu erwerbstätig geworden sind, sondern auch solche, die trotz der erfolgten Verrentung ihrem angestammten Betrieb weiterhin zur Verfügung stehen, konnten wir aus unserem empirischen Material zwei *ideal*typische Formen der Beschäftigung von verrenteten Arbeitskräften rekonstruieren: die Rekrutierung von RentnerInnen über einen externen Arbeitsmarkt einerseits, die Weiterbeschäftigung von Belegschaftsmitgliedern nach der Verrentung andererseits. Die neu erwerbstätigen RentnerInnen etikettierten wir als *NeueinsteigerInnen*, die weiterbeschäftigten RentnerInnen als *Weiterbeschäftigte*.

Für die *NeueinsteigerInnen* scheint kennzeichnend zu sein, daß relativ häufig unvorhergesehene Lebensereignisse zu einer Neuorientierung auf Erwerbsarbeit als nachberufliches Aktivitätsfeld führten. Diese unbeabsichtigten biographischen Brüche traten entweder noch während der regulären Berufstätigkeit auf, wenn etwa plötzliche gesundheitliche Einbrüche als Zwang zur vorzeitigen Berufsaufgabe durch Frühverrentung erlebt wurden. Oder aber die bereits erfolgreich eingeleitete Ruhestandsphase wurde von unerwarteten Ereignissen wie dem frühzeitigen Tod des Lebenspartners erschüttert und forcierte eine Neuordnung des Alltagslebens. In solchen Fällen erwiesen sich bereits vorhandene soziale Kontakte, seien es ehemalige Geschäftspartner und Kunden, aber auch Freunde und Nachbarn, als wichtigste Wiedereinstiegshilfen in das Erwerbssystem. Die Entlohung der nachberuflichen Tätigkeit scheint dabei weniger motivierend zu sein als die Tatsache, wieder eine sozial anerkannte Aufgabe zu haben, die die erlebten Verluste der Berufsarbeit bzw. des Privatlebens kompensieren kann. Eröffnet sich den RentnerInnen aufgrund bestehender sozialer Beziehungen ein neues, nachberufliches Beschäftigungsverhältnis, so können sie häufig erworbene berufliche Qualifikationen gezielt weiter einsetzen. Richtet sich das betriebliche Angebot zur nachberuflichen Erwerbstätigkeit jedoch an ein anonymes Arbeitsmarktsegment der Rentnerinnen und Rentner, werden Sozialbeziehungen also erst völlig neu begründet, so steht die Nachfrage nach sogenannten Jedermanns-Qualifikationen offenkundig im Vordergrund.

Mit unserer selbstselektiven Befragung von erwerbstätigen RentnerInnen scheinen wir vorrangig die Teilgruppe der auf die persönlichen, qualifikatorischen Voraussetzungen der jeweiligen RentnerInnen zugeschnittenen Beschäftigungsverhältnisse aufgedeckt zu haben, während in den Interviews mit den Personalverantwortlichen eher die unspezifischen Aushilfsjobs für RentnerInnen – etwa in Aufsichts-, Bewachungs- und Reinigungsdiensten – zur

Sprache kamen. In diesen Tätigkeitsbereichen vermuten wir am ehesten das Arbeitskräftepotential der materiell schlechter gestellten Älteren, für die ein RentnerInnenjob aufgrund unzureichender Altersversorgung attraktiv ist. Da eine geringe Altersrente am augenfälligsten diskontinuierliche Erwerbsverläufe und verpaßte Karrierechancen indiziert, die eigene Biographie unter dem normativen Diktat des Normallebenslaufs somit kaum positiv bilanziert werden kann, fanden sich solche erwerbstätigen RentnerInnen leider nicht zu einem Interview mit uns bereit.

Die externe Rekrutierung von verrenteten Arbeitskräften bietet sich für die Betriebe aus unterschiedlichen Gründen an. Sollen MitarbeiterInnen für monotone, auf Dauer eher belastende Aufgaben, für die zudem mit hohen Personalfluktuationen zu rechnen ist, gewonnen werden, so bringen RentnerInnen den bereits von KOHLI ET AL. beschriebenen entscheidenden Vorteil der materiellen, aber auch politischen Anspruchslosigkeit mit. Der von den RentnerInnen vollzogene selbstdeutende Rückgriff auf die Erwerbsphase vor dem Ruhestand kann einerseits dazu führen, daß die Beschäftigten die qualifikatorische Unterforderung des RentnerInnen-Jobs in eine späte Freiheit der selbstlosen Pflichterfüllung uminterpretieren. Dieses Muster findet sich bevorzugt bei älteren Männern, die auf eine durchaus erfolgreiche Berufsbiographie zurückblicken können. Andererseits erweisen sich gerade ältere unqualifizierte Arbeitskräfte, die bereits hinlängliche Erfahrungen mit der Aussichtslosigkeit von dauerhafter Arbeitsvermittlung gesammelt haben, als ein gefügiges Potential für randständige, prekäre Beschäftigungsverhältnisse. Ältere Frauen sind eine bevorzugte Zielgruppe für qualifikatorisch scheinbar voraussetzungslose Aufgaben, die von ihnen auch im privaten Alltag bewältigt werden. So knüpfen beispielsweise Reinigungsdienste bei der Personalrekrutierung an diese vermeintlich „typisch weiblichen Fähigkeiten" an und bilden, angesichts mangelnder Beschäftigungsalternativen, ein Sammelbekken für erwerbstätige Rentnerinnen.

Fallen im Betrieb neben den von der Kernbelegschaft regelmäßig und dauerhaft zu erbringenden Leistungen Aufgaben an, die quer zu den üblichen Tätigkeitszuschnitten liegen und eher punktuell bewältigt werden müssen, dann bietet sich die externe Rekrutierung von RentnerInnen aus zwei anderen Gründen an. Zum einen sind RentnerInnen in hohem Maße bereit und in der Lage, Arbeit auf Abruf zu leisten. Im regulären Beschäftigtensegment sind solche Arbeitszeiten, die betriebswirtschaftlichen Kalkülen zum arbeitsanfallorientierten Personaleinsatz entspringen, dagegen nur schwer durchzusetzen. Zum anderen verfügen RentnerInnen nach langjähriger Berufsarbeit in besonderem Maße über soziale Kompetenzen, die sie dazu befähigen, gerade in Klein- und Mittelbetrieben wichtige Integrationsfunktionen für die gesamte Belegschaft zu übernehmen. RentnerInnen verkörpern die Wichtigkeit und den dauerhaften Bestand von beruflichem Wissen. Gepaart mit der Souveränität der Routiniers und einer – wenn auch diffusen – Unterstellung von

Altersweisheit, helfen die erwerbstätigen RuheständlerInnen, so manche personelle Lücke zu schließen, die sich durch beständig wechselnde Kunden- und Markterfordernisse auftut. Bestanden bereits vor dem eigentlichen Beginn des RentnerInnen-Jobs soziale Beziehungen zwischen der Firmenleitung und den RentnerInnen, so ist vor allem in den untersuchten Kleinbetrieben auch die Übernahme dispositiver Funktionen nicht unwahrscheinlich. Aber auch im Fall der zunächst fremd angeworbenen RentnerInnen scheint sich deren Eignung für besondere Vertrauensstellungen oft recht schnell herauszustellen.

Die *Weiterbeschäftigten* rekrutieren sich laut unserer Defintion aus älteren Belegschaftsangehörigen, die ihrem angestammten Betrieb auch nach der Verrentung noch zur Verfügung stehen. Das Zustandekommen dieser nachberuflichen Beschäftigungsverhältnisse zwischen ehemaligen Belegschaftsangehörigen und der Firmenleitung ist in starkem Maße durch die langjährig gewachsenen sozialen Beziehungen zwischen den Beteiligten geprägt. Damit zielen solche Beschäftigungsangebote an RentnerInnen weniger auf die unspezifische Gruppe verrenteter, noch leistungsfähiger Arbeitskräfte, sondern sind speziell auf ein bereits persönlich bekanntes Potential an älteren MitarbeiterInnen zugeschnitten. Offensichtlich werden verrentete Erwerbstätige aus sämtlichen Beschäftigtensegmenten rekrutiert. In unseren beiden Stichproben dominiert zwar die Weiterbeschäftigung von ehemaligen Angestellten, die auch als RentnerInnen noch ihrer alten Firma zur Verfügung stehen. Gleichwohl konnten wir zumindest in den Gesprächen mit den Personalverantwortlichen Fälle der Weiterbeschäftigung von gewerblichen ArbeitnehmerInnen sowie in beiden Samples die Kontinuierung von Aushilfsbeschäftigungen nachweisen. Darüberhinaus scheint die Weiterbeschäftigung von Seniorchefs gerade in Familienbetrieben eine gängige Form der RentnerInnenarbeit darzustellen.

Für die Betriebe bietet die Weiterbeschäftigung älterer MitarbeiterInnen – zumeist auf Geringfügigkeitsbasis – die Möglichkeit, die Beschäftigungsrisiken älterer ArbeitnehmerInnen unter Rückgriff auf Leistungen des Sozialstaats beträchtlich zu minimieren. So fanden wir nicht selten die betriebliche Kombination aus einer generellen frühzeitigen Vollverrentung älterer Arbeitskräfte und der selektiven Weiternutzung bestimmter Berufsqualifikationen. Zentrales Kriterium für die Weiterbeschäftigung scheint das hohe betriebs-, branchen- und berufsspezifische Erfahrungswissen zu sein, über das langjährige MitarbeiterInnen verfügen. In partiellen, zeitlich flexiblen Arbeitseinsätzen können diese Wissenbestände weiterhin verfügbar gemacht werden, ohne daß die Betriebe Beschäftigungsgarantien im Falle von alters- und krankheitsbedingten Leistungseinbußen gewähren müssen. Das für die Rentabilität eines Unternehmes strategisch wichtige Erfahrungswissen erstreckt sich nach unserer Erfahrung dabei von gewerblichen Arbeiten bis hin zu Geschäftsführungsaufgaben. Bevorzugte Einsatzfelder eröffnen sich vor allem dort, wo stabile Kundenbeziehungen durch feste betriebliche AnsprechpartnerInnen gepflegt werden sollen.

So freigiebig die Personalverantwortlichen über die Gründe für eine Weiterbeschäftigung älterer Belegschaftsangehöriger Auskunft gaben, so verhalten zeigten sich jedoch insbesondere die formal geringer qualifizierten Weiterbeschäftigten, die in der Erwerbsphase nur einen vergleichsweise bescheidenen beruflichen Status erwerben konnten. Auch hier ist anzunehmen, daß beispielsweise die Erwerbsbiographie eines Arbeiters bzw. einer Arbeiterin oft in stärkerem Maße mit finanziellen Engpässen im Alter verbunden ist, RentnerInnenarbeit damit stärker als subjektive Strategie der Vermeidung von materiellen Notlagen denn als Gestaltung von sozialen Freiräumen empfunden wird, und die Bilanzierung solcher Lebensläufe und -lagen gegenüber Dritten eher vermieden wird. Die von uns interviewten Weiterbeschäftigten, die vorrangig kommunikative und soziale Aspekte ihrer nachberuflichen Erwerbstätigkeit betonen, absolvierten dagegen oft trotz schlechter Ausgangslagen recht erfolgreiche Berufskarrieren. Daher durfte es nicht sehr überraschen, daß diese erwerbstätigen RentnerInnen die Kombination aus Ruhestand und Erwerbsarbeit mehrheitlich als sehr persönlich geprägte Modelle einer subjektiv sinnvollen Lebensgestaltung im Alter erleben. In diesen Selbstwahrnehmungen als „untypische RentnerInnen" drückt sich unseres Erachtens weniger ein erstarkendes kollektives Selbstbewußtsein älterer Menschen, sondern eine zunehmende Diffusion subjektzentrierter Lebensentwürfe bis in die ältere Generation hinein aus. Die verrenteten Erwerbstätigen vollziehen ihre biographische Selbstdeutung dabei eindeutig unter Rückgriff auf die Vorstellung von der Normalität eines dreigeteilten Lebenslaufs. Sie erleben sich dabei aber als individuelle AbweichlerInnen von der strikten Trennung zwischen Erwerbs- und Ruhestandsphase, ohne jedoch eine grundlegende, politische Kritik an der gesellschaftlichen Strukturierungsfunktion dieser Dreiteilung zu formulieren. Das Modell des „Normallebenslaufs", das sich an kontinuierlicher Erwerbsarbeit und anschließendem, erwerbsarbeitsfreien Ruhestand mit ausreichendem Transfereinkommen orientiert, behält damit zwar als Interpretationsfolie für die eigene Biographie seine soziale Relevanz. Diese speist sich jedoch weniger aus der *tatsächlichen* Verbreitung dieser biographischen Strukturierungsinstanz, als vielmehr aus der Anerkennung seiner generellen *normativen* Gültigkeit.

Insgesamt verweisen die Aussagen der interviewten erwerbstätigen RentnerInnen und Personalverantwortlichen in RentnerInnen beschäftigenden Betrieben darauf, daß die Neigung zur RentnerInnenarbeit weniger aus sozialstatistisch erfaßbaren Daten der Arbeitskräfte bzw. der Betriebe abgeleitet werden kann, sondern maßgeblich von den eigenständigen Interpretationen der jeweiligen strukturellen Bedingungen durch die Akteure abhängt. So scheint der Großteil aller von uns betrachteten Beschäftigungsverhältnisse weniger über den klassischen Mechanismus von Angebot und Nachfrage auf dem Arbeitsmarkt vermittelt worden zu sein, sondern sich in einem Prozeß des gegenseitigen Auslotens und Aushandelns von Motiven, Interessen und Konditionen entwickelt zu haben. Das Zustandekommen eines RentnerInnen-Jobs ist somit ein Verhandlungserfolg zwischen mindestens zwei Beteiligten – einer Arbeitskraft und einem Arbeitgeber –, in dessen zeitlichem Vorlauf die Akteure in ihrer wechselseitigen Annäherung und Aushandlung aber immer auch andere Alternativen entwickeln können. Insofern bleibt RentnerInnenarbeit immer nur eine Option unter vielen, das Ruhestandsalter als subjektiv sinnvoll zu erleben bzw. betriebliche Personalprobleme zu lösen. Eine massenhafte Nachfrage älterer Menschen nach erwerbsförmigen Aktivitäten, unabhängig von betrieblichen Arbeitsangeboten, ist unseres Erachtens zumindest gegenwärtig ebensowenig zu erwarten wie eine radikale Trendwende in der betrieblichen Personalpolitik. RentnerInnenarbeit wird sich eher auch weiterhin dezentral im Bereich von Klein- und Mittelbetrieben aus überschaubaren sozialen Beziehungsstrukturen heraus konstituieren – wenn nicht sozialpolitische Kurskorrekturen zu einer fundamentalen Änderung der arbeits- und sozialrechtlichen Rahmenbedingungen von RentnerInnenarbeit führen.

Die wichtigste allgemeine Strukturbedingung von RentnerInnenarbeit liegt zweifellos auf der sozialpolitischen Ebene der wohlfahrtsstaalichen Absicherung der Ruhestandsphase. Die in den Betrieben unmittelbar am Zustandekommen der RentnerInnen-Jobs Beteiligten – Personalverantwortliche als Repräsentanten der Arbeitgeber-Perspektive, erwerbswillige RentnerInnen als Beschäftigtenpotential – beziehen sich gemäß ihrer strategischen Positionen in unterschiedlicher Weise auf die derzeit gültigen arbeits- und sozialrechtlichen Regelungen. Die allgemeine Formel, auf die die politisch gesetzten Beschäftigungsbedingungen gebracht werden können, lautet jedoch für RentnerInnen wie Personalverantwortliche gleich: gewünscht wird eine *maximale individuelle Handlungs- und Gestaltungsfreiheit bei maximaler Autonomie von kollektiv verbindlichen Regelungen*. Für die RentnerInnen heißt das im wesentlichen einen Fortbestand an sozialer Sicherheit im Ruhestand, der ein Ausscheiden aus dem Erwerbssystem zu zeitlich und materiell akzeptablen Bedingungen dauerhaft sicherstellt. Nur aus der sicheren Warte des staatlich garantierten RentnerInnen-Daseins scheint für sie ein *freiwilliger Wiedereintritt bzw. ein Verbleib* im Erwerbssystem überhaupt denkbar. Für die Betriebe steigt die Handlungsautonomie hingegen mit jeder erfolgreichen Abwehr von staatlichen und tarifpolitischen Eingriffen in den betrieblichen Handlungszusammenhang. Erst die weitgehende Deregulierung von Beschäftigungsverhältnissen durch RentnerInnenarbeit, verbunden mit Möglichkeiten zu erheblichen Einsparungen von Personal- und Personalnebenkosten durch Externalisierungen, schafften hier die Bereitschaft, *selektiv und partiell* ältere Menschen zu beschäftigen.

Bis zur Verabschiedung des Gesetzes zur Förderung eines gleitenden Übergangs in den Ruhestand und des „Programms für mehr Wachstum und Beschäftigung" 1996 war die erwerbsförmige Beschäftigung von Rentnerinnen und Rentnern durch ein hohes Maß an Liberalität zentraler sozialpolitischer Regelungen gekennzeichnet. Trotz einer mit der Rentenreform von 1992 beschlossenen allgemeinen Heraufsetzung des Rentenzugangsalters waren die Zugangspfade zum frühen Renteneintritt keineswegs versperrt, im Gegenteil, es stieg der Anteil der Frühverrentungen an allen Rentenzugängen weiterhin rapide an. Die betrieblichen Strategien zur alterselektiven Personalfreisetzung basierten dabei auf einem breiten innnerbetrieblichen Konsens, der gerade von den jüngeren, um den Bestand ihrer eigenen Arbeitsplätze besorgten Beschäftigten sowie den Personalvertretungsorganen aktiv mitgetragen wurde. Betriebe hatten es unter den bisherigen Bedingungen somit relativ leicht, das von ihnen nachgefragte Beschäftigtensegment verrenteter Arbeitskräfte selbst zu produzieren. Der Mehrheit der älteren Menschen gestattete das insgesamte hohe Niveau der Altersversorgung – Leistungen der gesetzlichen Rentenversicherungen, betrieblicher und privater Zusatzversorgungen – einen auskömmlichen Ruhestand, selbst wenn er vorzeitig angetreten wurde.

Mittlerweile ist durch die sogenannten „Sparbeschlüsse" der Bonner Regierungskoalition das vorzeitige Ausscheiden aus dem Erwerbsleben allerdings an zusätzliche Bedingungen geknüpft und in der Regel mit Abschlägen am Rentenanspruch verbunden. Gegenwärtig kann deshalb nur spekuliert werden, wie sich die seit 1996 bestehende rechtliche Neuordnung des Übergangs von der Berufsarbeit in den Ruhestand auf die Erwerbsneigung der älteren Menschen auswirken wird. Beabsichtigt ist, daß die im Gesetz vorgesehene Heraufsetzung des Rentenalters eine durchschnittlich längere Verweildauer im Erwerbssystem bewirkt. Die jetzige, aber wohl auch die mittelfristige Arbeitsmarktlage macht eine solche Entwicklung jedoch eher unwahrscheinlich. Es ist vielmehr damit zu rechnen, daß eine große Anzahl älterer Arbeitnehmer vorzeitig ihre Berufsarbeit wird beenden müssen, ohne den vollen Rentenanspruch erworben zu haben. Möglicherweise entsteht hier für viele alte Arbeiter und Angestellte eine Situation, in der sie nicht mehr freiwillig, sondern – nach einer Verrentung mit reduzierten Versorgungsansprüchen- unter finanziellem Druck eine bezahlte nachberufliche Tätigkeit unter weitaus ungünstigeren Bedingungen aufnehmen müssen. Es deutet viel darauf hin, daß aufgrund der Bestimmungen des „Altersteilzeitgesetzes" in absehbarer Zeit auch in Deutschland Verhältnisse im Bereich der Altersarbeit entstehen werden, wie sie in den USA und in Japan bereits heute Wirklichkeit sind. In diesen beiden Ländern liegen die Erwerbsquoten der über 65jährigen bei 34% bzw. 38%, wobei in den USA sogar noch 17% der 70jährigen vollerwerbstätig sind. (ABELES 1995, S. 29; FÜRSTENBERG 1994, S. 114)

Der demographische Wandel und die Massenarbeitslosigkeit haben so zu sozialpolitischen Entscheidungen geführt, durch welche der Übergang vom Erwerbsleben in den Ruhestand unter deutlich verminderten wohlfahrtsstaalichen Absicherungen erfolgt. Das Risko und die Last vorzeitiger Berufsaufgabe wird verstärkt dem einzelnen Arbeitnehmer aufgebürdet, was in Zukunft höchstwahrscheinlich zu einem hohen Angebot an Arbeitskräften führen wird, die den Zeitraum zwischen der Ausgliederung aus dem regulären Berufsleben und dem vollen Anspruch auf altersbedingte Transferzahlungen durch prekäre Formen nachberuflicher Erwerbsarbeit zu überbrücken haben. Es bleibt somit fraglich, in welcher Weise sich diese Folgen der sozialpolitischen Neuordnung des Rentenzugangs auf die Strukturen und Verhältnisse des Arbeitsmarktes und des Beschäftigungssystems insgesamt auswirken werden. Zu befürchten ist allerdings, daß die Entstehung eines umfangreichen Arbeitsmarktsegments aus alten Erwerbspersonen, die bereit oder gezwungen sind, unter deregulierten Bedingungen weitgehend ohne arbeits- und sozialrechtliche Absicherung und zu geringen Löhnen zu arbeiten, unter Konkurrenzbedingungen nicht ohne Auswirkungen auf die übrigen Beschäftigungsverhältnisse bleiben wird.

Alterserwerbstätigkeit hat ganz offensichtlich viele Gesichter und sie spiegelt in dieser Vielfalt die disparaten Interessenlagen wieder, die in die gesellschaftliche Auseinandersetzung über die Lebensarbeitszeit eingehen. Der Fokus unserer Untersuchung lag auf den betrieblichen Gründen und den persönlichen Motiven für nachberufliche Erwerbstätigkeit von Altersruhegeldbeziehern unter den arbeits- und sozialrechtlichen Bedingungen, die in den Jahren 1993 bis 1996 bestanden haben. Aus dieser Sicht kann das Phänomen der Erwerbstätigkeit von RentnerInnen allerdings einige wichtige Anregungen für die Diskussion über die Gestaltung der Lebensarbeitszeit beitragen, die in der partei- und verbandspolitisch geprägten Interessenauseinandersetzung leicht übersehen werden. Die betrieblichen Interessen, die sich aus strukturellen Zwängen der Marktwirtschaft wie Effizienzsteigerungen, Flexibilitätserfordernissen und Kostenminimierungen ergeben, liefern dabei nur einen Teil der Mosaikstücke, aus denen eine gesellschaftliche Neuordnung der Lebensarbeitszeit geformt wird. Wichtig ist hier die prinzielle Bereitschaft von Betrieben, ältere Arbeitskräfte in die Arbeitsorganisation zu integrieren, sofern dieser Personaleinsatz unter Berücksichtigung der möglichen Alternativen positiv bilanziert werden kann.

Die Betrachtung der lebensweltlichen Perspektive der erwerbstätigen RentnerInnen, die unseres Erachtens zudem ein organisationspolitisches Vakuum darstellt, steuert dagegen solche Aspekte für eine Diskussion um Lebensarbeitszeiten bei, die in der ökonomisch dominierten Debatte leicht übersehen werden. Was aus Sicht der erwerbstätigen RentnerInnen als eigensinniger, individueller Lebensstil im Alter anmutet, hat doch einen gesellschaftlichen Kern, denn die nachberuflichen Erwerbsaktivitäten der Rentnerinnen und Rentner reflektieren in besonderer Weise die strukturellen Bedingungen der gesellschaftlichen Organisation von Arbeit. Demnach ist eine um die Erwerbsarbeit zentrierte Gesellschaft – die sogenannte „Arbeitsgesellschaft" – genauso fest im Bewußtsein dieser älteren Erwerbstätigen verankert wie die soziale Errungenschaft des Wohlfahrtsstaates, der seinerseits ebenfalls erwerbszentriert organisiert ist. Weder Lohnarbeit noch staatliche Transferleistungen stehen für die erwerbstätigen RentnerInnen also zur Disposition. Die starke Betonung der Interaktionsdimensionen von Erwerbsarbeit weist eher auf Wünsche zur neuen *Ausgestaltung der konkreten Bedingungen von Erwerbsarbeit und Ruhestand* hin.

Erwerbsarbeit nach einem langen Arbeitsleben ist für Altersruhegeldbezieher nur noch dann akzeptabel – so eines unserer wichtigsten Ergebnisse – wenn sie ihnen das Gefühl der Anerkennung vermittelt, wenn sie ihnen soziale Kontakte ermöglicht und wenn die RentnerInnen bei der Gestaltung der Arbeitsbedingungen, insbesondere der Arbeitszeit, ein Wort mitreden dürfen. Sicherlich ist es keine zu weitgehende Interpretation dieser Aussagen von arbeitenden RentnerInnen, wenn sie als Resultat der Erfahrungen eines ganzen Berufslebens zugleich als Anregungen für die Organisation von Arbeit überhaupt begriffen werden. Diese Wünsche an die Qualität der nachberuflichen Erwerbstätigkeit können somit auch als „Urteilsspruch über die zurückliegenden Arbeits- und Lebensbedingungen" verstanden werden (vgl. BÄCKER 1995, S. 54), welche die Verwirklichung persönlicher Interessen und Bedürfnisse während der Erwerbsphase nur sehr eingeschränkt zuließen.

Insbesondere mittels der Kontrastierung ihrer Erfahrungen in der regulären Erwerbsarbeit mit dem Erlebnis nachberuflicher, mitgestalteter Erwerbstätigkeit können die erwerbstätigen RentnerInnen die Erwartungen an das Erwerbssystem deutlich machen. So wollen sie auch im Alter persönlich gefordert werden, ihre fachlichen und sozialen Kompetenzen unter Beweis stellen können, sowie Anerkennung und Beachtung für ihre Leistungen erfahren. Im Gegensatz zu den scheinbar unausweichlichen Anforderungen der Berufsarbeit sollen diese sinn- und identitätsstiftenden Momente der Erwerbsarbeit aber nicht mehr an Termindruck und Leistungstreß sowie materielle Abhängigkeit geknüpft sein. Die erwerbstätigen RentnerInnen scheinen damit einen Lebensstil anzustreben, der erstmals von HÖRNING/GERHARDT/MICHAILOW (1990) exemplarisch für jüngere Berufstätige ausformuliert wurde und der sich durch eine „spannungsgeladene Ambivalenz von Engagement *in* der Arbeit und Distanz *zur* Arbeitssphäre" (S. 112) auszeichnet. Den sogenannten Zeitpionieren, die individuell für selbstbestimmt flexible und reduzierte Arbeitszeiten kämpfen, ist „einerseits ... Erwerbsarbeit sehr wichtig, andererseits ist sie ihnen aber aufgrund betrieblicher Bedingungen und Zumutungen problematisch. Von diesen beiden Polen aus bildet sich ein Spannungsgefüge. Es wird von einem dünnen Faden zusammengehalten, an dem das schwere Gewicht des subjektiven Zufriedenheitserlebens hängt." (S.

92) Dies gilt uneingeschränkt auch für die erwerbstätigen RentnerInnen, die – wenn auch nicht politisch bewußt – eine neue Balance zwischen erwerbsvermittelter, sozialer Identität und selbstbestimmter Lebenszeitgestaltung anstreben.

Besondere Beachtung verdient in diesem Zusammenhang die bereits erwähnte Tatsache, daß sich die erwerbstätigen RentnerInnen weder in den zentralen demographischen Merkmalen, noch durch typische Konstellationen des Lebenslaufs von den RentnerInnen unterscheiden, die nicht erwerbstätig sind. Vielmehr trat zutage, daß die Bereitschaft, im Ruhestand zu arbeiten, mit dem gesamten Spektrum verschiedenartigster berufs- und familienbiographischer Möglichkeiten einhergeht. Obwohl bei den von uns befragten RentnerInnen eine leichte Tendenz zu höheren Bildungsabschlüssen erkennbar ist und der Anteil derjenigen mit einer abgeschlossenen Berufsausbildung etwas größer ist als im Durchschnitt, muß man konstatieren, daß die Bereitschaft, im Ruhestand zu arbeiten, eine von allen gängigen sozio-strukturellen Merkmalen ziemlich unabhängige individuelle Entscheidung alter Menschen ist. Selbstbewußt, eigenständig und durchaus Ich-orientiert wählen sie aus den vielfältigen Möglichkeiten der Lebensführung diejenige aus, die ihnen subjektiv am meisten entspricht. Mit ihren jeweils einzelnen Entscheidungen wenden sich die erwerbstätigen Alten sehr bewußt von der bislang verbindlichen kollektiven Norm der mehr oder weniger strikten Trennung von Arbeit und Ruhestand ab und praktizieren ihr ganz persönliches Konzept von individueller Lebensführung.

Begünstigt durch die allgemein beobachtbare Auflösung von gesellschaftlichen Altersstereotypen und normativen Rollenklischees für alte Menschen realisiert sich in diesen subjektiven Entscheidungen von RentnerInnen zugunster individueller Formen der Lebensführung im Alter eine Flexibilisierung sozialer Strukturen. Unsere Befunde bekräftigen somit auch für den Bereich alter Menschen die Aussagen der Projektgruppe „Alltägliche Lebensführung“, die als Resultat ihrer langjährigen Forschungen feststellt, daß „die Bedeutung der Selbstregulierung des eigenen Lebens (wächst) und die individuelle Konstruktion des Alltags für die gesellschaftliche Ordnung konstitutiv (wird)“ und daß das „auf Dauer zu eher unscharfen und offenen Formen sozialer Ordnung führe“ (PROJEKTGRUPPE „ALLTÄGLICHE LEBENSFÜHRUNG“ 1995, S. 370 f).

Das Erstaunliche nun ist, daß die befragten Klein- und Mittelbetriebe eine große Bereitschaft zeigen, auf diese subjektiven Wünsche und Bedürfnisse der alten Menschen einzugehen. Nach unseren Beobachtungen ist im Bereich der Alterserwerbstätigkeit durchaus so etwas wie eine „Individualisierung des Personaleinsatzes“ (vgl. dazu RÖLLINGHOFF 1996) in den Betrieben zu erkennen. Das hat natürlich eine erhebliche Vielfalt unterschiedlicher formaler Beschäftigungsverhältnisse zur Folge, wobei die Spanne hierbei von gelegentlicher freier Mitarbeit auf Honorarbasis bis zu regulären, ganztägigen

Arbeitsverhältnissen reicht. Kaum ein RentnerInnenarbeitsverhältnis gleicht dem anderen, oft noch nicht einmal innerhalb desselben Betriebes.

Aufgrund dieser Erfahrungen glauben wir, mit aller Vorsicht natürlich, als eine vorläufige These formulieren zu können, daß der Einbezug persönlicher Präferenzen von älteren Arbeitnehmern in die betriebliche Personalpolitik insgesamt Strukturen der Arbeitsorganisation entstehen läßt, die in weitaus höherem Maße als bisher auf die pluralen Bedürfnislagen der Arbeitskräfte ausgerichtet sind. Vielleicht, so eine nicht ganz unbegründete Vermutung auf der Basis unseres empirischen Materials, deutet sich hier in den personalpolitischen Randbereichen der RentnerInnenarbeit eine Entwicklung an, die mittel- bis langfristig zu einer generellen Individualisierung und Pluralisierung von Strukturen betrieblicher Arbeit überhaupt führt. Deutlich wird auf jeden Fall, daß den Betrieben auch ungewöhnliche, nicht standardisierte Formen des Personaleinsatzes durchaus möglich sind, daß das Normalarbeitsverhältnis als gängige Norm für die Gestaltung von Arbeitsbedingungen zunehmend erodiert und daß sich zumindest an den beschäftigungspolitischen Rändern eine Pluralisierung und Subjektivierung von betrieblichen Strukturen ausmachen läßt.

Möglich wird ein solcher Wandel in den Strukturen der Arbeitsoranisation nur, weil eine Reihe von Konvergenzen besteht zwischen dem betrieblichen Interesse an einer Nutzung von verrenteten Arbeitskräften einerseits und den subjektiven Präferenzen und Motiven von Altersruhegeldbeziehern andererseits. Für die Betriebe ist es angesichts sich dynamisch verändernder Märkte günstig, fungible Arbeitskräfte zur Verfügung zu haben, die in ihrer Grundversorgung durch Renten- und Pensionszahlungen gesichert und deswegen kostengünstig und arbeitspolitisch abstinent sind. Für die interessierten RentnerInnen bietet eine nachberufliche Beschäftigung die Möglichkeit, über eine gesellschaftlich anerkannte und erkennbar nützliche Tätigkeit ihre subjektive Zufriedenheit zu erhöhen, ohne sich dabei aber völlig den einschränkenden Bedingungen und Anmutungen der regulären Berufsarbeit auszuliefern.

Das Interesse der Betriebe an einer Erhöhung ihrer Anpassungs- und Reaktionsfähigkeit durch eine kostengünstige Flexibilisierung des Arbeitskräfteeinsatzes trifft somit auf ein Potential an Arbeitskräften jenseits der Altersgrenzen, für die Arbeit unter eben diesen Bedingungen von Zeitsouveränität, Teilarbeit und auch Unstetigkeit durchaus erstrebenswert ist. Betriebliche Strategien zur Flexibilisierung von Organisationsstrukturen greifen die subjektiven Bedürfnisse alter Menschen nach der identitätskonstituierenden und sozialintegrativen Funktion von Arbeit auf und im Zusammenwirken dieser Momente entstehen neue Formen der Arbeitsorganisation und neue Möglichkeiten der Lebensarbeitszeitgestaltung. Kennzeichen dieses Wandels in den Betrieben ist dabei weniger die Herausbildung von durchgängig beobachtbaren, allgemeinen Merkmalen oder Modellen von Strukturen; es sind keine einheitlichen Konzepte oder Paradigmen ersichtlich, sondern eine neue Offenheit, eine Uneinheitlichkeit und Variabilität kennzeichnet diese Entwicklung als das Resultat der häufig von Fall zu Fall unterschiedlich verlaufenden Aushandlungsprozesse.

Strukturbildung im Bereich der Alterserwerbstätigkeit vollzieht sich damit als ein doppelter Selektionsprozeß. Zum einen wählt ein nicht unbeträchtlicher Teil älterer Menschen aus den vielfältigen Möglichkeiten der Lebensgestaltung im Ruhestand irgendeine Form der Erwerbstätigkeit aus; zum anderen greifen Betriebe aus dem hochdifferenzierten Reservoir an Arbeitskräften immer häufiger bestimmte AltersruhegeldbezieherInnen heraus. Basis dieses doppelten Selektionsprozesses ist eine historische Koinzidenz von spezifischen Formen individueller Lebensführung mit dem besonderen Arbeitskräftebedarf von Betrieben. Es ist dort ein Wandel in den Formen der Arbeitsorganisation zu erkennen, wo solche Übereinstimmungen von beiden Seiten aktiv genutzt werden und zur Neugestaltung von Beschäftigungsverhältnissen führen, in denen die Beteiligten ihr Handeln dann durch wechselseitige Gratifikationen stabilisieren, so daß daraus dauerhafte Muster werden.

Die überindividuellen Machtverhältnisse und die Interessenlagen der Betriebe reduzieren zwar nach wie vor die Vielfalt individueller Handlungsmöglichkeiten auf die Muster, in denen Formen subjektiver Lebensführung mit betrieblichen Rentabilitätsstrategien konvergieren. Zum Ausdruck kommt dabei aber eine neue Beweglichkeit der Betriebe, die zunehmend erkennen läßt, daß in der strukturellen Inkorporation individueller Handlungsvielfalt – und damit auch personaler Autonomie- eine wesentliche und bisher ungenutzte Ressource liegt. Die steigenden Zahlen erwerbstätiger AltersrentnerInnen sind ein wichtiges Indiz für diese Entwicklung.

Es spricht einiges dafür, daß der durch die Erwerbstätigkeit von Altersruhegeldbeziehern in Gang gekommene Strukturwandel in den Arbeitsorganisationen im Laufe der nächsten Jahre an Bedeutung zunehmen wird. Diese Annahme soll im folgenden noch durch einige Bemerkungen begründet werden.

Auf der Seite der Betriebe werden die ökonomischen, die technologischen und die arbeitsorganisatorischen Entwicklungen den Bedarf an flexibel und kostengünstig einsetzbaren Arbeitskräften erhöhen und damit sicherlich auch die Nachfrage nach verrenteten Arbeitskräften.

Volkswirtschaftlich wird zum einen der sektorale Wandel zu einem relativen Anwachsen des tertiären Sektors führen und damit die Branchen vergrößern, in denen bereits heute überdurchschnittlich häufig RentnerInnen beschäftigt werden. Zum anderen steigt die Zahl der Klein- und Mittelbetriebe weiter an, der Betriebe also, in denen RentnerInnen bevorzugt Arbeit finden.

Auf der Angebotsseite wird es alleine durch das weitere Anwachsen des älteren Bevölkerungsteils, selbst bei konstanter „Erwerbsneigung" dieser Altersgruppen, zu einer absoluten Zunahme der nachberuflichen Beschäftigungswünsche kommen. Außerdem zeichnen sich die Kohorten, die jetzt und in den nächsten Jahren die Altersgrenzen erreichen, durch ein deutlich höheres Bildungs- und Qualifikationsniveau aus, ebenso durch einen besseren Gesundheitsstatus. Wir können deswegen mit hoher Wahrscheinlichkeit auch von einem Ansteigen der „Erwerbsneigung" innerhalb der größer werdenden Gruppe der älteren Menschen ausgehen. Die nachberufliche Erwerbstätigkeit von AltersruhegeldbezieherInnen wird also mit Sicherheit zunehmen. Bei gleichbleibenden sozialpolitischen und beschäftigungspolitischen Rahmenbedingungen wird daraus ein politisch brisantes Nebeneinander von hoher Arbeitslosigkeit und umfangreicher Alterserwerbstätigkeit entstehen.

Gesellschaftlich ist zudem erkennbar, daß die Eingebundenheit in bestimmte soziale Zusammenhänge sich nicht mehr als unüberschreitbare Grenze des persönlichen Handelns auswirkt; ebensowenig die Zugehörigkeit zu bestimmten Lebensaltern. Wir können feststellen, daß die mit diesen Einordnungen bisher verbundenen gesellschaftlichen Rollenzumutungen ihre vereinheitlichenden Effekte verloren haben. Im Zuge dieses Wandels lösen sich auch standardisierte Verhaltensmuster, wie die in Ausbildungs-, Erwerbs- und Ruhestandsphase dreigeteilte Normalbiographie auf. Diese rigide Abfolge von Lebenszyklen wird aufgebrochen und individuell neu „modelliert". Das bedeutet aber auch, daß sich die alten Menschen nicht mehr umstandslos in den sogenannten „Ruhestand" – der immerhin in der Regel ein Viertel ihrer Lebenszeit ausmacht – abschieben lassen werden. Es steht zu erwarten, daß diese Menschen im Diskurs über die Regulierung der Lebensarbeitszeit vermehrt und selbstbewußt ihre Ansprüche, ihr Recht auf Arbeit, geltend machen werden. Sie werden damit ihren nicht unwesentlichen Anteil an der „reflexiven Modernisierung" unserer Gesellschaft leisten.

Vordringlich wird es dabei darum gehen müssen, eine den pluralen Orientierungen, Motiven und Formen der individuellen Lebensführung entsprechende Vielzahl von möglichen Übergängen aus dem Berufsleben in die nachberufliche Lebensphase zu schaffen. Ein frühzeitiger Rückzug aus dem Arbeitsleben sollte dabei ebenso praktiziert werden können wie eine Verlängerung der Erwerbstätigkeit über den regulären Zeitpunkt der Verrentung hinaus. Das bedeutet, daß in einem übergreifenden Konzept neue Formen der Lebensarbeitszeitstrukturierung gefunden werden müssen, in denen lebensaltersspezifische Zeitpräferenzen realisiert werden können. Denkbar ist ein entlang der verschiedenen Biographiephasen variierender Umfang der Arbeitszeit bei in etwa gleichbleibendem Arbeitszeitvolumen während des gesamten Erwerbslebens. (vgl. dazu BÄCKER/NAEGELE 1993) Einer Reduzierung der individuellen Arbeitszeit in den Lebensphasen, in denen ansonsten Beruf, Familie und Freizeitbedürfnisse nur sehr schwer miteinander vereinbar gemacht werden können, stünde dann z. B. eine entsprechende Verlängerung der Lebensarbeitszeit gegenüber.

Neben der Schaffung der hierfür erforderlichen arbeits- und sozialrechtlichen Voraussetzungen müssen dafür auch weitreichende Umformungen in den Strukturen der gesellschaftlichen Organisation von Arbeit vorgenommen werden. Das starre Korsett der über den Erwerbslebensverlauf unveränderlichen beruflichen Anforderungen gilt es zu öffnen und dabei nicht nur die zeitlichen, sondern auch die inhaltlichen und formalen Ansprüche der Berufsarbeit so zu variieren, daß die lebenszyklusspezifischen Bedürfnisse und Kompetenzen berücksichtigt werden können. Die bisherige Indifferenz der Arbeitsorganisation gegenüber subjektiven Orientierungen und Dispositionen wäre aufzugeben zugunsten von Formen der Berufstätigkeit, die verstärkt auf die persönlichen Eigenheiten und die subjektive Lebensführung der Beschäftigten ausgerichtet sind. Veränderungen in der Schneidung und Ausgestaltung beruflicher Tätigkeitsmerkmale wären hier ebenso erforderlich wie eine Umgestaltung in den Strukturen der betrieblichen Arbeitsplatzangebote. Denkbar ist, daß Arbeitsanforderungen und Qualifikationsmerkmale so definiert werden, daß altersspezifische Kriterien mehr im Vordergrund stehen und die Arbeitsplätze entsprechend besetzt werden.

Abgesehen davon, daß die Entwicklung des Altersaufbaus der Bevölkerung die Unternehmen zunehmend dazu zwingen wird, lebenssalterspezifische Kriterien bei der Einrichtung von Arbeitsplätzen zu berücksichtigen, könnte ein solcher Schritt in die Richtung einer „Individualisierung der Personalstruktur“ auch einiges zur Nutzung bisher brachliegender Kreativitäts- und Innovationsressourcen der Beschäftigten beitragen. Zumindest die von uns befragten Klein- und Mittelbetriebe lassen erkennen, daß solche Anpassungen der strukturellen Gegebenheiten der Betriebe an die veränderten Bevölkerungsstrukturen und an die Lebensweisen der Menschen möglich und erfolgreich sind.

9 Literatur

ABELES, RONALD P. (1995): Lautlose Revolution: Altern und Langlebigkeit, in: FRIEDRICH-EBERT-STIFTUNG (Hg.): USA: Altern und Modernisierung, Bonn

ALLMENDINGER, JUTTA (1990): Der Übergang in den Ruhestand von Ehepaaren – Auswirkungen individueller und familiärer Lebensverläufe, in: MAYER, KARL-ULRICH (Hg.): Lebensverläufe und sozialer Wandel, Opladen, S. 272-303

ALTMANN, NORBERT ET AL. (1981): Bedingungen und Probleme betrieblich initiierter Humanisierungsmaßnahmen. Forschungsbericht 4 Bd., München

ALTMANN, NORBERT ET AL. (Hg.) (1982): Grenzen neuer Arbeitsformen, Frankfurt a. M.

ALTMANN, NORBERT/BECHTLE, GUENTER (1971): Betriebliche Herrschaftsstruktur und industrielle Gesellschaft, München

ALTMANN, NORBERT/BECHTLE, GÜNTER/LUTZ, BURKART (1978): Betrieb – Technik – Arbeit. Elemente einer soziologischen Analytik technisch-organisatorischer Veränderungen, Frankfurt a.M.

BÄCKER, GERHARD (1987): Wieder länger arbeiten? Quantität und Qualität der Arbeitsplätze sind entscheidend! Anmerkungen zur Diskussion um die Heraufsetzung der Altersgrenzen in der Rentenversicherung, in: WSI-Mitteilungen, Heft 5, S. 295-304

BÄCKER, GERHARD/NAEGELE, GERHARD (1993): Alternde Gesellschaft und Erwerbstätigkeit, Köln

BACKES, GERTRUD M. (1991): Ehrenamtliche Arbeit älterer und alter Frauen – ein Beitrag zu ihrer sozialen Integration? , in: Frauenforschung, Heft 3, S. 89-100

BACKHAUS-MAUL, HOLGER/OLK, THOMAS (1992): Intermediäre Organisationen als Gegenstand sozialwissenschaftlicher Forschung. Theoretische Überlegungen und erste empirische Befunde am Beispiel des Aufbaus von intermediären Organisationen in den neuen Bundesländern, in. SCHMÄHL, WINFRIED (Hg.): Sozialpolitik im Prozeß der deutschen Vereinigung, Frankfurt a.M./New York, S. 91-132

BALTES, MARGRET/MONTADA, LEO (Hg.) (1996): Produktives Leben im Alter, Frankfurt/New York

BECHTLE, GÜNTER (1980): Betrieb als Strategie. Theoretische Vorarbeiten zu einem industriesoziologischen Konzept, Frankfurt a.M./New York

BIRKE, MARTIN/SCHWARZ, MICHAEL (1990): Betrieb als arbeitspolitische Arena der Arbeits- und Technikgestaltung, in: Soziale Welt, Heft 2, S. 167-182

BOLLINGER, DORIS/CORNETZ WOLFGANG/PFAU-EFFINGER, BIRGIT (1991): Atypische Beschäftigung – Betriebliche Kalküle und Arbeitnehmerinteressen, in: SEMLINGER, KLAUS (Hg.): Flexibilisierung des Arbeitsmarktes, Frankfurt a.M., S. 177-199

BRÜCKNER, ERIKA/MAYER, KARL ULRICH (1987): Lebensgeschichte und Austritt aus der Erwerbstätigkeit im Alter – am Beispiel der Geburtsjahrgänge 1919-21, in: Zeitschrift für Sozialisationsforschung und Erziehungssoziologie, S. 101-116

BUTTLER, FRIEDRICH/THON, MANFRED (1993): Bevölkerungsentwicklung und Arbeitskräftepotentiale, in forum demographie und politik, Heft 4, S. 38 – 62

CROZIER, MICHEL/FRIEDBERG, EBERHARD (1979): Macht und Organisation – Die Zwänge kollektiven Handelns, Königstein

DENZIN, NORMAN K. (1970): The Research Act. A Theoretical Introduction to Sociological Methods, McGraw Hill

DETERS, JÜRGEN/STAEHLE, WOLFGANG/STIRN, ULRICH (1989): Die Praxis des gleitenden Übergangs in den Ruhestand, Berlin

DILLMAN, DON A. (1978): Mail and telephone surveys, Washington

DILLMAN, DON A. (1983): Mail and other self administered questionnaires, in: ROSSI, P.H. ET AL. (Hg.): Handbook of survey research, New York, S. 359-377

EMNID (1993): Nachberufliche Tätigkeiten älterer Menschen, Forschungsbericht, BUNDESMINISTERIUM FÜR ARBEIT UND SOZIALFORSCHUNG (Hg.), Bonn

EVERS, ADALBERT (1990): Im intermediären Bereich – Soziale Träger und Projekte zwischen Haushalt, Staat und Markt, in: Journal für Sozialforschung, Heft 2, S. 189-210

FRETER, HANS-JÜRGEN/KOHLI, MARTIN/WOLF, JÜRGEN (1988): Jenseits der Selbstverständlichkeit, in: 24. Deutscher Soziologentag, Bd. 2, Zürich, S. 46-48

FÜRSTENBERG, FRIEDRICH (1994): Arbeitsorganisation und Bildungssystem in Japan – Eine Herausforderung für die Bundesrepublik Deutschland ?, in: FRIEDRICH-EBERT-STIFTUNG (Hg.): Bedeutung des demographischen Wandels, Bonn, S. 113 – 128

GUILLEMARD, ANNE MARIE (1996): Equity between Generations in Aging Societies: The Problem of Assessing Public Policies, in: HAREVEN, TAMARA K. (Hg.): Aging and Generational Relations over the Life Course. A Historical and Cross-Cultural Perspective, Berlin/New York, S. 208 – 254

HAREVEN, TAMARA K. (Hg.) (1996): Aging and Generational Relations over the Life Course. A Historical and Cross-Cultural Perspective, Berlin/New York

HEINEMANN-KNOCH, MARIANNE (1989): Zur Situation älterer Frauen – eine besondere Herausforderung der Sozialpolitik und Altenarbeit, in: KARDOFF, ERNST VON/ OPPL, HUBERT (Hg.): Sozialarbeit für und mit alten Menschen, München, S. 63-72

HELBERGER, CHRISTOF/SCHWARZE, JOHANNES (1986): Umfang und Struktur der Nebenerwerbstätigkeit in der BRD, in: Mitteilungen aus der Arbeitsmarkt- und Berufsforschung, Heft 2/1986, S. 271-286

HOF, BERND (1993): Bevölkerungsentwicklung, Zuwanderung, Arbeitsmarkt, in: forum demographie und politik, Heft 4, S. 67 – 90

HÖRNING, KARL H./GERHARDT, ANETTE/MICHAILOW, MATTHIAS (1990): Zeitpioniere. Flexible Arbeitszeiten – neuer Lebensstil, Frankfurt a.M.

HRADIL, STEFAN (Hg.) (1992): Zwischen Bewußtsein und Sein: Die Vermittlung „objektiver" Lebensbedingungen und „subjektiver" Lebensweisen, Opladen

HUBER, GÜNTHER L. (1992): Qualitative Analyse mit Computerunterstützung, in: ders., Qualitative Analyse – Computereinsatz in der Sozialforschung, München und Wien, S. 115-175

JACOBS, KLAUS/KOHLI, MARTIN (1990): Der Trend zum frühen Ruhestand. Die Entwicklung der Erwerbsbeteiligung der Älteren im internationalen Vergleich, in WSI-Mitteilungen, Heft 8, S. 498-509

KERN, HORST/SCHUMANN, MICHAEL (1984): Das Ende der Arbeitsteilung? Rationalisierung in der industriellen Produktion. Bestandsaufnahme, Trendbestimmung, München

KOHLI, MARTIN (1989a): Erwerbsleben und Ruhestand, in: BALTES, MARGRET M. ET AL. (Hg.): Erfolgreiches Altern. Bedingungen und Variationen, Bern/Stuttgart/Toronto/Seattle, S. 47-54

KOHLI, MARTIN (1989b): Institutionalisierung und Individualisierung der Erwerbsbiographie, in: BROCK, DIETMAR ET AL., (Hg.): Subjektivität im gesellschaftlichen Wandel, München

KOHLI, MARTIN (1996): Societal Integration and Participation in Working Society, in: MOLLENKOPF, HEIDRUN (Hg.): Elderly People in Industrialised Societies. Social Integration in Old Age by or despite Technology ?, S. 63 – 76

KOHLI, MARTIN ET AL. (1992): Tätigkeitsformen im Ruhestand – Verbreitung und Bedeutung. Schlußbericht der 2. Projektphase des Forschungsprojekts Tätigkeitsformen im Ruhestand – Verbreitung und Bedeutung, Berlin, unveröffentlichtes Manuskript, Berlin

KOHLI, MARTIN ET AL. (1993): Engagement im Ruhestand, Opladen

KOHLI, MARTIN U.A. (Hg.) (1991): Time for Retirement: Comparative Studies of Early Exit from the Labour Force, Cambridge/New York

KRÜGER, HELGA (1993): Bilanz des Lebenslaufs: zwischen sozialer Strukturiertheit und biographischer Selbstdeutung, in Soziale Welt, Heft 3, S. 375 – 391

KRÜGER, HELGA/BORN, CLAUDIA (1991): Unterbrochene Erwerbskarrieren und Berufsspezifik. Zum Arbeitsmarkt und Familienpuzzle im weiblichen Lebenslauf, in: MAYER, KARL-ULRICH/ALLMENDINGER JUTTA ET AL. (Hg.): Vom Regen in die Traufe . Frauen zwischen Beruf und Familie , Frankfurt a.M., S. 142-161

KUDERA, WERNER (Hg.) (1995): Alltägliche Lebensführung – Arrangements zwischen Traditionalität und Modernisierung / hrsg. von der Projektgruppe „Alltägliche Lebensführung", Opladen

LACZKO, FRANK (1988a): Der Arbeitsentzug – Ein Vergleich verschiedener Strategien der Freisetzung älterer Arbeitnehmer in ausgewählten europäischen Ländern, in: ROSENMAYR, LEOPOLD/KOLLAND, FRANZ (Hg.): Arbeit – Freizeit – Lebenszeit, Opladen, 159-182

LAMNEK, SIEGFRIED (1988): Qualitative Sozialforschung, Band 1, Methodologie, München und Weinheim

LAMNEK, SIEGFRIED (1989): Qualitative Sozialforschung, Band 2, Methoden und Techniken, München

LEICHT, RENÉ/STOCKMANN, REINHARD (1993): Die Kleinen ganz groß? Der Wandel der Betriebsgrößenstruktur im Branchenvergleich, in: Soziale Welt, Heft 2, S. 243-274

MAYER, KARL ULRICH/BALTES, PAUL B. (Hg.) (1996): Die Berliner Altersstudie, Berlin

MINSSEN, HEINER (1992): Die Rationalität von Rationalisierung. Betrieblicher Wandel und die Industriesoziologie, Stuttgart

MOLLENKOPF, HEIDRUN (Hg.) (1996): Elderly People in Industrialised Societies. Social Integration in Old Age by or despite Technology ?, Berlin

NAEGELE, GERHARD (1985): Bewältigung des Übergangs in den Ruhestand, in: „Freigesetzte" Arbeitnehmer im 6. Lebensjahrzehnt – eine neue Ruhestandsgeneration? hg. v. MARGRET DIECK, GERHARD NAEGELE, ROLAND SCHMIDT, Berlin, S. 33-50

NAEGELE, GERHARD (1992): Zwischen Arbeit und Rente – Gesellschaftliche Chancen und Risiken älterer Arbeitnehmer, Augsburg

NASCHOLD, FRIEDER (1984): Arbeitspolitik – Gesamtwirtschaftliche Rahmenbedingungen, betriebliches Bezugsproblem und theoretische Ansätze der Arbeitspolitik, in: JÜRGENS, ULRICH/NASCHOLD, FRIEDER (Hg.): Arbeitspolitik, Opladen, S. 11-57

NASCHOLD, FRIEDER/ROSENOW, JOACHIM/WAGNER, GERT (1990): Zum Zusammenhang von betrieblicher Personalpolitik und staatlicher Sozialpolitik, in: BERMBACH, UDO/ BLANKE, BERNHARD/BÖHRET, CARL (Hg.): Spaltungen der Gesellschaft und die Zukunft des Sozialstaats, Opladen, S. 183-198

PISCHNER, RAINER/WAGNER, GERT (1992): Zwei Aspekte der Flexibilität beim Übergang vom Erwerbsleben in den Ruhestand, in: HUJER, REINHARD ET AL. (Hg.): Herausforderungen an den Wohlfahrtsstaat im strukturellen Wandel, Frankfurt a.M., S. 99-115

PRIES, LUDGER (1991): Betrieblicher Wandel in der Risikogesellschaft – Empirische Befunde und konzeptionelle Überlegungen, Opladen

RICHARD HAUSER/UWE HOCHMUTH/JOHANNES SCHWARZE (Hg.) (1994): Mikroanalytische Grundlagen der Gesellschaftspolitik, Band 1, Berlin

RILEY, MATILDA-WHITE/KAHN, ROBERT L./FONER, ANNE (Hg.) (1994): Age and Structural Lag. Societies Failure to Provide Meaningful Opportunities in Work, Family and Leisure, New York

RÖLLINGHOFF, STEFAN (1996): Die Individualisierung des Personaleinsatzes, München /Mering

ROSENOW, JOACHIM (1992): Personalanpassung durch Verrentung – Zur Regulierungslogik der altersselektiven Externalisierungsstrategie im bundesdeutschen Unternehmen, in: Arbeit, 2, 144-165

ROSENOW, JOACHIM/NASCHOLD, FRIEDER (1993): Die betriebliche Frühverrentungungspraxis am Scheideweg, in: BULLINGER, HANS-JÖRG. ET AL. (Hg.): Alter und Erwerbsarbeit der Zukunft, Berlin/Heidelberg/New York, 139-144

ROSENOW, JOACHIM/NASCHOLD, FRIEDER (1993a): Ältere Arbeitnehmer – Produktivitätspotential oder personalwirtschaftliche Dispositionsmasse?, in: Zeitschrift für Sozialer Fortschritt, 6, 42, 146-152

ROTHE, GÜNTHER (1990): Wie (un)wichtig sind Gewichtungen? Eine Untersuchung am Allbus 1986, in: ZUMA-Nachrichten, Heft 26, S. 31-55

ROTHE, GÜNTHER/WIEDENBECK, MICHAEL (1987): Stichprobengewichtung: Ist Repräsentativität machbar?, in: ZUMA-Nachrichten, Heft 21, S. 43-58

SAUER, DIETER/DÖHL, VOLKER (1994): Arbeit an der Kette. Systematische Rationalisierung unternehmensübergreifender Produktion, in: Soziale Welt, Heft 2, Jahrgang 46, S. 197 – 215

SCHNELL, RAINER (1993): Die Homogenität sozialer Kategorien als Voraussetzung für Repräsentativität und Gewichtungsverfahren, in: Zeitschrift für Soziologie, Heft 1, S. 16-32

SCHNELL, RAINER/HILL, PAUL B./ESSER, ELKE (1989): Methoden der empirischen Sozialforschung, München

SCHUMACHER, JÜRGEN (1988): Leistung und Leistungsbereitschaft in verschiedenen Lebensbereichen, in: HONDRICH, KARL OTTO ET AL. (Hg.): Krise der Leistungsgesellschaft? Opladen, S. 68-99

SCHWARZE, JOHANNES (1994): Mehrfachbeschäftigung – eine theoretische und empirische Analyse für abhängig beschäftigte Männer, in: RICHARD HAUSER/UWE HOCHMUTH/ JOHANNES SCHWARZE (Hg.): Mikroanalytische Grundlagen der Gesellschaftspolitik, Band 1, Berlin

SKARPELIS-SPERK, SIGRID (1994): Erwerbsarbeit der Zukunft – Arbeit und Wirtschaft im demographischen Wandel, in: FRIEDRICH-EBERT-STIFTUNG (Hg.): Bedeutung des demographischen Wandels, Bonn, S. 7 – 34

SÖFFNER, HANS-GEORG/HITZLER, RONALD (1994): Hermeneutik als Haltung und Handlung. Über methodisch kontrolliertes Verstehen, in: NORBERT SCHRÖER (Hg.): Interpretative Sozialforschung – Auf dem Weg zu einer hermeneutischen Wissenssoziologie, Opladen, S. 28-54

TÜRK, KLAUS (1989): Neuere Entwicklungen in der Organisationsforschung – Ein Trend Report, Stuttgart

WAGNER, GERT/MOTEL, ANDREAS/SPIEß, KATHERINA./WAGNER, MICHAEL (1996): Wirtschaftliche Lage und wirtschaftliches Handeln alter Menschen, in: MAYER, KARL ULRICH/BALTES, PAUL B. (Hg.), (1996): Die Berliner Altersstudie, Berlin, S. 277 – 299

WARNKEN, JÜRGEN (1993): Alterstätigkeit – Bislang unausgeschöpfte Potentiale, in: Bundesarbeitsblatt, Heft 4, S. 5-10

WEICK, KARL ERICH (1985): Der Prozeß des Organisierens, Frankfurt a.M.

WIESE, MICHAEL (1991): Erklärende versus verstehende Soziologie, in: HARALD KERBER/ ARNOLD SCHMIEDER (Hg.): Soziologie – Arbeitsfelder, Theorien, Ausbildung. Ein Grundkurs, Reinbek bei Hamburg, S. 544-555

WILSON, THOMAS P. (1982): „Qualitative" oder „quantitative" Methoden in der Sozialforschung, in: Kölner Zeitschrift für Soziologie und Sozialpsychologie, Heft 3, S. 487-508

WOLF, JÜRGEN/KOHLI, MARTIN/KÜNEMUND, HARALD (Hg.) (1994): Alter und gewerkschaftliche Politik – Auf dem Weg zur Rentnergewerkschaft ?, Köln

10 Anhang

10.1 Tabellarischer Überblick über die interviewten erwerbstätigen RentnerInnen

Person	Alter im Jahr 1994	ausgeübte Berufe	Bildungsabschlüsse	Verrentungssituation	RentnerInnentätigkeit	Arbeitsplatz	Arbeitszeit	wichtigste Motive	Finanzen
Herr A	68	1. Kaufmännischer Beruf 2. Fahrlehrer, erst in Nebenjob angestellt, dann selbständig	Abitur kaufmännische Ausbildung 2.Ausbildung zum Fahrlehrer/	mit Altersrente (1992), nach Krankheit	Fahrlehrer	Neue Tätigkeit, alter Beruf, alte Kontakte 1. Fahrschulleitung 2. bei Freund	anfangs 30 Std. zunehmend reduziert nach eigenen Vorgaben auf ca. 2 Std. wöchentl.	Früher Geld, jetzt v.a. Spaß am Beruf	wenig Rente, private Altersvorsorge (Gespartes), Zuverdienst = Taschengeld
Herr B	66	Ingenieur stellvertretender Geschäftsführer in Kabelwerk	Abitur Ingenieurstudium	nach Altersrente (1993), kontinuierlicher AZ-Abbau, gleitender Übergang im Laufe von 2,5 Jahren	Firmenberatung, Vertretung der Firma in Gerichtsprozessen; arbeitet unentgeltlich	Alte Firma	kontinuierlicher Abbau auf ca. 10 Stunden monatlich	Spaß, Erfahrung weitergeben	Gute Rente Geldverdienen spielt untergeordnete Rolle
Herr C	70	Fachmann für Staubtechnik, freiberuflicher Erfinder	Abitur Bergbaustudium	Altersrente (1989), mit 48 arbeitslos, seither selbständig	Freier Erfinder	Selbständig, alter Beruf zuhause	eigene Vorgabe	Lebensaufgabe, ökologisches Engagement	mittelmäßig, aber abgesichert, privat vorgesorgt, Zuverdienst unregelmäßig, unwichtig

Person	Alter im Jahr 1994	ausgeübte Berufe	Bildungs-abschlüsse	Verrentungs-situation	RentnerInnen-tätigkeit	Arbeitsplatz	Arbeitszeit	wichtigste Motive	Finanzen
Herr D	67	kaufmännischer Angestellter in verschiedenen Firmen, stellvertretender Abteilungsleiter in Sparkasse, Nebenjob Buchführung in Gärtnerei	Volksschule kaufmännische Lehre Fachlehrgänge	Vorruhestand aus gesundheitlichen Gründen (1987)	Arbeit in Gärtnerei, v.a. Buchführung	Alter Nebenjob in Gärtnerei ausgebaut	anfangs Vollzeit - 60 Std./ wöchentl. jetzt 15 - 18 St. im Monat	Spaß am Beruf, Freundschaft mit Firmeninhaber, Verantwortungsgefühl	zufriedenstellende Rente, Zuverdienst = Taschengeld
Herr E	64	Maschinenbautechniker, leitende Stellung in verschiedenen metallverarbeitenden Betrieben, Nebenjob Messerentwürfe	Volksschule, Schlosserlehre, Metallfachschule f. Technik u. Gestaltung, Lehrgänge	Vorruhestand auf Betreiben der Ehefrau (1993)	Entwerfen von Sammlermessern, Firmenberatung	Ausbau von Nebenjob in alter Firma	20 St. im Monat + mehr nach eigener Entscheidung, nicht vergütet	Spaß, (Flucht?) Verantwortung	zufriedenstellende Rente, Zuverdienst = Taschengeld
Herr F	74	Kaufmännischer Angestellter, Leitender Dienst bei der Kripo, Nebenjob Beratung in Maschinenbaufirma	Realschule, kaufmännische Lehre, Polizeiakademie, Lehrgänge (Steuerfachgehilfenprüfung)	Zwangspensioniert aus gesundheitlichen Gründen mit 55 (1976)	Kaufmännischer Leiter in Maschinenbaufirma	Neue Stelle, gelernter Beruf Ausbau von Nebenjob	zunächst 4-5 Std. tägl. später Vollzeit, seit 3 Jahren 3 Std. tägl.	Flucht, Verantwortung, Gebraucht-werden, Freundschaft zu Firmeninhaber, „Hobby“	Zufriedenstellende Beamtenpension, Zuverdienst für Extras

Person	Alter im Jahr 1994	ausgeübte Berufe	Bildungs-abschlüsse	Verrentungs-situation	RentnerInnen-tätigkeit	Arbeitsplatz	Arbeitszeit	wichtigste Motive	Finanzen
Frau G	61	diverse unqualifizierte Tätigkeiten (Näherei, Bank, Zigarrenfabrik, Chemiefabrik, Konfektionshaus, Altenheim)	Volksschule	Altersrente nach längerer Arbeitslosigkeit (1993)	Pförtnertätigkeit und „Mädchen für alles“ im Altenheim	Letzte Stelle im Altenheim fortgesetzt	geringf. Beschäftigungsverhältnis fortgesetzt, 3-4 Std. wöchentl. +Aushilfe	„Beschäftigungstherapie“, Gebrauchtwerden	Altersrente 11,80 DM/Std. geringer Zuverdienst
Herr H	72	Leitender Angestellter in Maschinenfabrik, Abteilungsleiter eines Produktionsbereichs, Später Verselbsständigung dieses Bereichs und Arbeit auf Provisionsbasis	Abitur kaufmännische Lehre	Altersrente, Vollarbeit bis zum vollendeten 70. Lebensjahr	Beratender Ingenieur, Fachübersetzungen	Alte Firma	zwischen 65. und 70. Lebensjahr Vollarbeit, seit 2 Jahren ca. 20 Std. im Monat, auf Anfrage	Beschäftigung haben, Gebraucht-werden, „Hobby“	Gute finanzielle Situation (voller Verdienst + volle Rente zwischen 65 und 70), 40,00 DM/Std.. Zuverdienst für Extras,
Herr J	71	Dreher, Industriemeister	Volksschule Dreherlehre	vorzeitiger Ruhestand mit 60 (1983)	Hausmeister	Neue Tätigkeit nach 3 Jahren Ruhestand	nach Bedarf	„Hobby“, Verantwortung, Vertrauen, Spaß, Kontakte	zufriedenstellende Rente; Pauschallohn: 175 DM/monatl.
Frau K	79	Kaufmännische Angestellte Erzieherin Hühnerfarmbetrieb Kundenberaterin in Bausparkasse	Abitur kaufmännische Ausbildung, Lehrgänge	1982, Vollarbeit bis zum 65. Lebensjahr	Aushilfe in Bausparkasse	Alte Firma	bis 65. Lebensjahr volle AZ, danach TZ. Seit 2-3 Jahren 1Tag/wöchentl. + nach Abruf	Suche nach Beschäftigung, Kontakte, trotz geringer Rente spielt Geld kaum eine Rolle	geringe Altersrente + Witwenrente

Person	Alter im Jahr 1994	ausgeübte Berufe	Bildungs-abschlüsse	Verrentungs-situation	RentnerInnen-tätigkeit	Arbeitsplatz	Arbeitszeit	wichtigste Motive	Finanzen
Frau L	69	Verkäuferin, Abteilungsleiterin in Bettenhaus	Volksschule, Lehre als Verkäuferin Fortbildung in Textilfachschule	seit 1988 Altersrente	Selbständige Vertreterin für Bettenfirmen Propagandistin	Neue Firma - alter Kontakt, enge Verbindung mit altem Beruf	saisonal, alle paar Monate je 14 Tage	Beschäftigung haben, unter Leute kommen	Gute Altersrente, Zuverdienst: Tagessatz + Provision Zuverdienst für Reisen
Herr M	76	Selbständiger Bauunternehmer	Einjähriges am Realgymnasium, Maurerlehre, Abschluß der Staatsbauschule	Offizielles Ausscheiden aus der Firma 1993, Arbeitszeitreduktion seit ca. 1989	Beratung, Kalkulation, Hausverwaltung unentgeltlich	Alter Beruf, alte Firma, die jetzt den Töchtern gehört, ehemals selbständig	4x wöchentl. vormittags	Früher: Verantwortung, heute: Beschäftigung haben, Spaß am Kalkulieren	zufriedenstellende Rente, Private Altersvorsorge (Immobilien), Firmenwagen als einzige Entlohnung
Herr N	70	Elektromonteur	Volksschule, Lehre als Elektriker, innerbetriebliche Schulungen und Weiterbildungen	1983 vorgezogener Ruhestand auf eigenes Betreiben	Prüfung der elektronischen Anlagen im Betrieb des Schwagers, Gartenarbeit; unentgeltlich	Neue Firma, privater Kontakt, Beziehung zu altem Beruf	nach Bedarf, unregelmäßig, nach eigener Entscheidung	Geist anstrengen, weder Arbeitstätigkeit außerhalb des Bekanntenkreises noch Dauerstellung gewünscht	Altersrente und Betriebsrente, nicht an Zuverdienst interessiert
Herr O	69	Orthopädiemechanik (Prothesenbau) in verschiedenen Betrieben, zusätzl. medizinische Fußpflege in eigenem Geschäft	Volksschule, Lehre, Meisterprüfung, Zusatzausbildung Fußpflege	Altersrente seit 1991	selbständiger Orthopädiemechanikermeister	Selbständig alter Beruf, eigener Betrieb	täglich mindestens Vollzeit	Früher: Geld (Altersvorsorge), jetzt v.a. Verantwortung, Spaß an der Arbeit, helfen	Ausreichende Rente, Einnahmen aus dem Geschäft sichern Lebensstandard und Altersvorsorge.

Person	Alter im Jahr 1994	ausgeübte Berufe	Bildungs-abschlüsse	Verrentungs-situation	RentnerInnen-tätigkeit	Arbeitsplatz	Arbeitszeit	wichtigste Motive	Finanzen
Herr P	64	Arbeit in Land-wirtschaft, Schleiferei, als Klempner, bei Stadtwerken, in Wärmetechnik-firma	Volksschule, Lehre als Klemp-ner und Installa-teur	Seit 1984 Be-rufsunfähigkeits-rente seit 1990 Alters-rente	Verkauft seinen Meistertitel + Konzession	Neue Firma, alter Kontakt	selten	Geld	Altersrente
Herr Q	62	Musiklehrer, Schlosser und Dreher, Techni-scher Leiter in mehreren metall-verabeitenden Firmen, leitende Stellung im Marketingbereich des VDI, Neben-job: Immobilien	Mittlere Reife, Musikstudium, Lehre als Schlos-ser und Dreher, 2. Bildungsweg Maschinenbau-ingenieur, Be-triebswirtschafts-studium	Auf eigenen Wunsch 1990 in vorzeitigen Vor-ruhestand, Berufsunfähig-keitsrente	Musikalischer Alleinunterhalter, Geschäfte mit Auslandsimmobi-lien, Referent für Schwerbehinder-tensozialrecht, Sachverständiger Philatelist	Selbständig nach Verrentung Alte Interessen aufgenommen, Nebenjob ausge-baut Hobby ausgebaut	selbstbestimmt, täglich Vollzeit, keine Bindung gewünscht	Selbstbestimmtes Arbeiten, Spaß	Zufrieden-stellende Rente, Private Altersvor-sorge, keine finanziellen Probleme, Zuver-dienst nicht Arbeitsmotiv, Geld geht an die Kinder

10.2 Tabellarischer Überblick über die RentnerInnen beschäftigenden Betriebe

Betrieb	Unternehmensbereich/ Gründungsjahr	Zentrale Betriebsdaten	Zahl und Alter der beschäftigten RentnerInnen	Kontakt/Initiative	Tätigkeiten	Arbeitszeiten, Geld und rechtliche Regelungen	Perspektive
1	Spielwareneinzelhandel (gegr. 40er Jahre)	selbständiger Betrieb, Mitglied in Einkaufsgenossenschaft; Zentrallager + 5 Filialen in der Region; 50 Beschäftigte, überwiegend Aushilfen (Frauen) und Familie; Sohn übernahm Geschäft vor einem Jahr vom Vater; starke Expansion und Investitionen in den vergangenen Jahren	3 Männer (1 Seniorchef), 63 & 65 Jahre	Vater; langjähriger Kunde (Werkzeugmacher); Schulfreund vom Vater (Selbständiger Einzelhändler) Entscheidung geht teils auf Vater zurück (Selbständiger), Kunde fragte selbst nach; keine gezielte Initiative	Material-/Warenversorgung, Endmontage von Spielwaren, „Krosarbeiten“, seltener Verkauf Vater hilft bei unternehmerischen Entscheidungen	ca. 15 Std./Woche, flexibel, geringfügig Beschäftigte, ohne Arbeitsvertrag, Urlaubs-, Weihnachtsgeld extra	generelle Bereitschaft zur RentnerInnenarbeit, da sehr gute Erfahrung mit Rentnern (Zuverlässigkeit, Pflichtgefühl) und Aushilfsarbeit allgemein; Vater ist wichtige Stütze
2	Sanitär-Handwerk (gegr. vor ca. 25 Jahren)	Handwerksbetrieb spezialisiert auf Schwimmbadbau, Familienbetrieb, 12 Beschäftigte	2 Männer (1 Seniorchef) 68 Jahre, 1 Frau (Ehefrau)	Zusammenarbeit seit Firmengründung; Seniorchef ist nach Verrentung und Weltreise wieder eingestiegen, 2. Meister wollte zum Rentenbeginn noch weiterarbeiten	Seniorchef ist Meister und Geschäftsführer; 2. Meister leitet technischen Kundendienst, zugleich Gesellschafter der Firma; Ehefrau springt bei Buchhaltung ein	2. Meister vollzeitbeschäftigt mit 36 Std./ Woche; Seniorchef und Meister: Firmenrente, Beratervertrag und Meistergehalt	2. Meister ist körperlich verbraucht und wird Firma vermutlich bald verlassen; kein genereller Zuspruch zu Rentnerarbeit („Prognose schwierig“)

Betrieb	Unternehmensbereich/ Gründungsjahr	Zentrale Betriebsdaten	Zahl und Alter der beschäftigten RentnerInnen	Kontakt/Initiative	Tätigkeiten	Arbeitszeiten, Geld und rechtliche Regelungen	Perspektive
3	Baustoffgroßhandel	Filialbetrieb (insges. 13 Niederlassungen, Zentrale in Hattingen) 13 Beschäftigte in W, Personalstruktur stark überaltert	1 Mann	ehemaliger Mitarbeiter (Platzmeister), 27 Jahre Betriebszugehörigkeit Nachfrage seitens des Betriebes	Lagerarbeiten; eingeübte Tätigkeit	2,3 Tage am Stück, bisher 2-3 mal eingesetzt, flexibler Einsatz, geringfügig beschäftigt, kein Arbeitsvertrag	Zurückhaltung gegenüber RentnerInnenarbeit; Körperliche Leistungsfähigkeit entscheidend
4	metallverarb. Betrieb	selbständiger Kleinbetrieb, Schwerpunkt Wartung und Reparatur von Werkzeugmaschinen; 5 festangestellte Mitarbeiter, häufiger zusätzlich Aushilfen	1 Mann, 66 Jahre	Übernahme durch Aufkauf einer Pumpenfirma; dort bereits als „Facharbeiter" eingesetzt	Wartung und Reparatur von Pumpen; eingeübte Tätigkeit	38 Std./Woche Vollzeit, „ganz normal angemeldet" (vor Wegfall der Hinzuverdienstgrenze geringfügig beschäftigt)	Beschäftigung bis zum körperlichen Verschleiß; Wertschätzung der Lebenserfahrung und Arbeitshaltung Älterer; Rentnerarbeit fördert Sozialintegration
5	Beerdigungsinstitut (gegr. 1876)	Familienbetrieb (Handwerk); außer Eltern und Sohn ein angestellter Mitarbeiter	1 Ehepaar, Frau 67, Mann 69 Jahre	Nachbarn, Frau ist Religionslehrerin, die schon vor der Pensionierung stundenweise ausgeholfen hat; informeller Kontakt	Frau: Buchhaltung; Ehepaar gemeinsam: Telefondienst abends und an Wochenenden; Kundenberatung	Frau: dienstags ganztags, samstags 3 Std. Ehepaar gemeinsam: jedes 2. Wochenende und abends ab 1/2 7; geringfügig Beschäftigte	Beschäftigungsende nicht abzusehen, da zumindest Rentnerin noch sehr fit ist; generelle Bereitschaft zur RentnerInnenarbeit, falls Berufserfahrung vorliegt; familiäre Harmonie wichtig

Betrieb	Unternehmensbereich/ Gründungsjahr	Zentrale Betriebsdaten	Zahl und Alter der beschäftigten RentnerInnen	Kontakt/Initiative	Tätigkeiten	Arbeitszeiten, Geld und rechtliche Regelungen	Perspektive
6	Bäckerei (gegr. vor 60 Jahren)	selbständiger Handwerksbetrieb; 3 Filialen in Wuppertal; 60 Beschäftigte (überwiegend festangestellt und weiblich, viele langjährige MitarbeiterInnen)	8 Frauen	ehemalige Mitarbeiterinnen, die um Weiterbeschäftigung baten	Verkauf; eingeübte Tätigkeit	flexible Arbeitszeit, geringfügig beschäftigt	Beschäftigung endet meist auf Wunsch der Rentnerinnen mit 65 bis 67 Jahren (Grund: Arbeit zu anstrengend); prinzipiell bereit zu RentnerInnarbeit, kein Interesse an externen Arbeitskräften
7	Metallverarbeitender Betrieb (gegr. 1925)	Familienbetrieb, spezialisiert auf Maniküre-Instrumente	derzeit 0, z.T. 70 Jahre	ehemalige MitarbeiterInnen in Teilzeit	Schleifen, Polieren; eingeübte Tätigkeit	80 Std./Monat, flexible Arbeitszeit; krankenversicherungs pflichtig beschäftigt	Beschäftigung endete auf Wunsch der MitarbeiterInnen; allgemeine Zustimmung zu RentnerInnenarbeit
8	Gebietsspedition (gegr. vor ca. 50 Jahren)	Zentrale in RS, 2 Filialen in Norddeutschland; 200 Beschäftigte, davon 100 in RS (viele langjährige Mitarbeiter, überwiegend Männer)	5-6 Männer	langjährige Mitarbeiter (Fahrer und Lagerarbeiter) Nachfrage seitens des Betriebes	gewerbliche Tätigkeiten (Transport, Lager), eingeübte Tätigkeit	z.T. 40-45 Std./ Woche, alle paar Monate, z.T. regelmäßig wenige Std./ Tag; flexible Arbeitszeit geringfügig beschäftigt	Beschäftigung endet auf Wunsch der Rentner meist von selbst (ca. mit 70 Jahren), Grund: körperlicher Verschleiß Rentnerarbeit lediglich als Perspektive für ehemalige Beschäftigte, kein Interesse an externen Arbeitskräften

Betrieb	Unternehmensbereich/ Gründungsjahr	Zentrale Betriebsdaten	Zahl und Alter der beschäftigten RentnerInnen	Kontakt/Initiative	Tätigkeiten	Arbeitszeiten, Geld und rechtliche Regelungen	Perspektive
9	metallverarb. Betrieb	selbständiger Betrieb	2-3 Männer; wegen Kurzarbeit derzeit nicht beschäftigt, z.T. über 70 Jahre	ehemalige Mitarbeiter und Rentner aus Metallbranche; Initiative geht von Rentnern aus	leichtere Metallarbeiten (Pressen), eingeübte Tätigkeit		gute Erfahrung mit Rentnern (Zuverlässigkeit; Leistungsbereitschaft); Bevorzugung von ehemaligen Mitarbeitern gegenüber externen Arbeitskräften; Begrenzung auf Aushilfstätigkeiten
10	Reisebüro	Zentrale, 6 Filialen	1 Mann (66 Jahre), 1 Frau über 80 Jahre	Mann: ehemaliger Personalchef der Firma; gegenseitige Vereinbarung zwischen Vorgänger und Nachfolger; Frau: angeblich seit „grauer Vorzeit" beschäftigt, Details unbekannt	Mann: Verkauf von Kreuzfahrten; Frau: Postzustellung zwischen Filialen im Umkreis	Mann: 6 Std./Woche, Arbeitsvertrag mit Erfolgsbeteiligung am Jahresumsatz, formal geringfügig beschäftigt; Frau: geringfügig beschäftigt mit Arbeitsvertrag	vermutlich keine weitere RentnerInnenarbeit; Skepsis hinsichtlich fehlender EDV-Kenntnisse; RentnerInnen sind eher geduldet, solange sie keine finanzielle Belastung werden
11	Möbelspedition (gegr. ca. 1950)	Verwaltung in W, gewerblicher Bereich in SG	3 Männer, Alter „Anfang 60", „in die 70"	Rentner wurden durch Zeitungsinserat angeworben	Führung des Wachhundes; Verpackungsentsorgung; Möbelpacker	Hundeführer: selbstbestimmt-flexible Arbeitszeit, ca. 2 Std./Tag, 2 x täglich; Verpackungsentsorger: täglich 3-4 Std.; Packer arbeitet sporadisch kein Arbeitsvertrag, Bezahlung auf Stundenbasis	Zuverlässigkeit der Rentner wird sehr geschätzt; bevorzugt werden künftig Angehörige der Branche

Betrieb	Unternehmensbereich/ Gründungsjahr	Zentrale Betriebsdaten	Zahl und Alter der beschäftigten RentnerInnen	Kontakt/Initiative	Tätigkeiten	Arbeitszeiten, Geld und rechtliche Regelungen	Perspektive
12	christl. Verlag und Versandbuchhandlung (gegr. vor über 100 Jahren)	selbständiger Betrieb mit Trägerschaft durch christl. Dachorganisation; 8 Beschäftigte (4 Teilzeit => Rentnerinnen); EDV	4 Frauen	ehemalige MitarbeiterInnen; Initiative geht auf RentnerInnen zurück	Versand, Warenversorgung, Buchhaltung; eingeübte Tätigkeiten	z.T. täglich 1-2 Std. (Versand), geringfügig beschäftigt; z.T. 3 Tage/Woche (Buchhaltung), „Angestelltenverhältnis" - Teilzeit; nach Bedarf auch 2 Monate Vollzeit	gute Erfahrung mit RentnerInnen (Fleiß, Einsatz), optimale Flexibilitätsreserve durch ehemalige MitarbeiterInnen, wenig Chancen für externe Arbeitskräfte
13	Anlagenbau-Betrieb (gegr. 1920)	selbständiger Betrieb mit diversen Kapitalbeteiligungen im Ausland; Schwerpunkt Bergbauanlagen-Engineering 100 Beschäftigte (überwiegend Vollzeit, qualifizierte technische und administrative Aufgaben); enger Markt, nur wenige Konkurrenten weltweit, 20 % Personalabbau in 3 Monaten	1 Frau, 3 Männer	ehemalige MitarbeiterInnen; Nachfrage seitens des Betriebes	Frau: Buchhaltung (eingeübte Tätigkeit); Männer: Magazinverwaltung und -aquisition (eingeübte Tätigkeit); Kopieren von Werbefilmen; technische Aufgaben	Frau: Urlaubsvertretung 3 - 4 Std./Tag, 25 Std./Monat; Männer 20 Std./Monat; geringfügig beschäftigt	Beschäftigung erfolgt oft für 1 - 2, im Fall des Videofilmers evtl. noch 7 Jahre, Arbeitsende hängt von der Aufgabe ab; RentnerInnenarbeit ergibt sich aus „Sachzwang" des Personalengpasses, gute Erfahrung mit Leistungsbereitschaft („der Druck ist weg")

Betrieb	Unternehmensbereich/ Gründungsjahr	Zentrale Betriebsdaten	Zahl und Alter der beschäftigten RentnerInnen	Kontakt/Initiative	Tätigkeiten	Arbeitszeiten, Geld und rechtliche Regelungen	Perspektive
14	Gebäudeservice (gegr. ca. 1978-79)	25 Niederlassungen in Bundesrepublik, sowie weitere in Nachbarländern; Tochterunternehmen eines Großkonzerns; 5.600 Beschäftigte (75 % versicherungsfrei) stark expandierend; Unternehmensbereiche Objektbewachung, Gebäudereinigung, catering, „facility management"	200 Männer und Frauen über 65 Jahre, z.T. bis über 80 Jahre	z.T. langjährige MitarbeiterInnen, z.T. extern über Stellenanzeigen angeworben	leichtere Reinigungs-, Lager- und Bewachungstätigkeiten	1 - 1 1/2 Std./Tag, überwiegend geringfügig beschäftigt	
15	Kultur- und Freizeitbetrieb	gemeinnützige GmbH	1 Frau, 62 Jahre	ehemalige Mitarbeiterin (Sekretärin), die wegen betriebsbedingter Umstrukturierung in Ruhestand geschickt wurde; Beschäftigungsangebot als „Entschädigung"	Betreuung einer Seniorengruppe, Aushilfe bei schwierigen Büroarbeiten	geringfügig beschäftigt	Rentnerin kann selbst entscheiden, wie lang sie noch arbeiten möchte; grundsätzliche Bereitschaft und Bedarf zur RentnerInnenarbeit, finanziell allerdings schwierig
16	metallverarb. Betrieb	selbständiger Betrieb	1 Mann, 70 Jahre, aufgrund mangelnder Aufträge derzeit nicht beschäftigt	Initiative des Rentners, der über Berufserfahrung in Metallbranche verfügt	Schleifen	Terminarbeit, 13 - 14 DM/Std. netto (19 - 21 DM brutto), unsicher ob geringfügig beschäftigt oder nicht	keine allgemeine Empfehlung für RentnerInnenarbeit; Zufrieden mit Arbeitsleistung des beschäftigten Rentners

Betrieb	Unternehmensbereich/ Gründungsjahr	Zentrale Betriebsdaten	Zahl und Alter der beschäftigten RentnerInnen	Kontakt/Initiative	Tätigkeiten	Arbeitszeiten, Geld und rechtliche Regelungen	Perspektive
17	Lebensmitteleinzelhandel (gegr. 1907)	mittelständisches Familienunternehmen; Mitglied in Einkaufsgenossenschaft 70 Beschäftigte (60 Frauen, 1/3 Teilzeit, überwiegend langjährige MitarbeiterInnen); umfangreiche Renovierungen im vergangenen Jahr, erwünschte Umsatzsteigerung blieb bislang aus	3 Frauen	2 ehemalige Mitarbeiterinnen, Betrieb spricht MitarbeiterInnen an, Beschäftigung im Rentenalter ergibt sich „fließend, im Dialog"	Regalauffüllung (eingeübte Tätigkeit); Reingungsarbeit	3 x 3 Std./Woche Regalauffüllung; Reinigung 1,5 - 2 Std. täglich; z.Zt. geringfügig beschäftigt, teilweise aber auch schon bis 1.000 DM/Monat	kein Ende der Beschäftigung in Aussicht, Wünsche der RentnerInnen werden berücksichtigt; gute Erfahrung sowohl mit extern angeworbenen (Früh-) Rentnern wie mit ehemaligen MitarbeiterInnen; Bereitschaft zur weiteren RentnerInnenbeschäftigung
18	Automatenaufsteller (gegr. 1953)	selbständiger Betrieb mit mehreren Spielhallen in der Region; ca. 50 Beschäftigte (überwiegend steuer- und versicherungspflichtige Festangestellte); Vater und Sohn Geschäftsführer; Vater zieht sich langsam aus Geschäft zurück	15-20, mehr Männer als Frauen, nur AltersrentnerInnen	extern angeworben über Stellenanzeigen; gezielte Anwerbung älterer MitarbeiterInnen	ungelernte Tätigkeit, Spielhallenaufsicht	5-6 Std./Tag, 35 Std./ Woche; Arbeitsvertrag mit Versicherungs- und Steuerpflicht	RentnerInnnen sind z.T. 10 Jahre beschäftigt; Vorliebe für Einsatz älterer MitarbeiterInnen im Aufsichtsbereich; keine Perspektiven im technischen Bereich

Betrieb	Unternehmensbereich/ Gründungsjahr	Zentrale Betriebsdaten	Zahl und Alter der beschäftigten RentnerInnen	Kontakt/Initiative	Tätigkeiten	Arbeitszeiten, Geld und rechtliche Regelungen	Perspektive
19	Hotel- und Gastronomiebetrieb (Standort W gegr. vor ca. 10 Jahren)	Famlienbetrieb (GmbH) mit insgesamt fünf Hotels	2 Männer (67 und 64 Jahre), 1 Frau (65 Jahre)	Personalentscheidungen gehen auf Seniorchef zurück: Kellner war ehemaliger Ausbilder des Seniorchefs, Lagerverwalter war vermutlich ebenfalls persönlich bekannt, „Mädchen für alles" wurde vor 10 Jahren durch Stellenanzeige angeworben und übt ihre Tätigkeit auch im Rentenalter weiterhin aus	Kellner im Bankettdienst; Getränkelagerverwaltung und Hausmeistertätigkeiten; „Mädchen für alles", vorrangig Reinigung	Kellner: 2 x/Woche, max. 7 Std./Tag flexibel; Lagerverwalter: 2 Std./Tag täglich von 8-10 h; „Mädchen für alles" 3 Std./Tag täglich; geringfügig beschäftigt, Kellner hat „Teilzeitvertrag"	durchweg positive Erfahrungen; weitere Tätigkeiten als Nachtportier denkbar, belastende körperliche Arbeiten im Service eher unwahrscheinlich; insbes. Kellner kommt bei älteren Gästen gut an
20	Metallverarbeitender Betrieb (gegr. 1960)	Familienbetrieb, Herstellung von elektronischen Spezialwerkzeugen (Testgeräten) für Automobilindustrie; enge Anbindung an FORD; vorrangig technische Entwicklung, Fertigung häufig durch Zulieferbetriebe	2 Männer, 1 Frau	Gezielte Suche nach „handwerklich geschicktem Mann" durch Zeitungsinserat	Männer: technische Beratung und Messebegleitung; Frau: Putzfrau	Männer 3 Std./Tag, 4 Tage/Woche und nach Bedarf flexibel: geringfügig beschäftigt	sehr positive Erfahrungen mit Erfahrungswissen der Rentner, zudem zeitlich flexibel, zuverlässig, fit: Beschäftigungsverhältnisse endeten bislang auf Wunsch der Rentner ca. mit Erreichen des 70. Lebensjahres

GPSR Compliance

The European Union's (EU) General Product Safety Regulation (GPSR) is a set of rules that requires consumer products to be safe and our obligations to ensure this.

If you have any concerns about our products, you can contact us on ProductSafety@springernature.com

In case Publisher is established outside the EU, the EU authorized representative is:

Springer Nature Customer Service Center GmbH
Europaplatz 3
69115 Heidelberg, Germany

Batch number: 10809466

Printed by Printforce, the Netherlands